国家出版基金项目
NATIONAL PUBLICATION FOUNDATION

"十三五"国家重点出版物出版规划项目

中国生态环境演变与评估

京津冀区域城市化过程 及其生态环境效应

周伟奇 韩立建 等 著

科学出版社
龍門書局
北京

内 容 简 介

本书以京津冀城市群为研究对象，通过构建评价指标体系，从城市群和重点城市两个尺度，定量评估了京津冀城市群 1980～2010 年的城市化进程及其对生态环境的影响。针对城市群，利用中等分辨率遥感数据，结合地面监测数据和统计数据，揭示了 1980～2010 年京津冀城市群的城市化强度、生态质量、环境质量、资源环境效率和生态环境胁迫的时空特征与演变；针对重点城市（北京、天津、唐山），进一步利用高空间分辨率遥感数据，阐明了 2000～2010 年主城区扩展及其内部格局特征演变，并揭示了重点城市城市化的生态环境效应。

本书可供生态学、环境科学、城市规划和管理等相关专业领域的科研和管理人员进行参考阅读。

图书在版编目(CIP)数据

京津冀区域城市化过程及其生态环境效应／周伟奇等著.—北京：科学出版社，2017.5

（中国生态环境演变与评估）

"十三五"国家重点出版物出版规划项目　国家出版基金项目

ISBN 978-7-03-051703-6

Ⅰ.①京… Ⅱ.①周… Ⅲ.①城市化-生态环境-环境效应-研究-华北地区 Ⅳ.①X321.22

中国版本图书馆 CIP 数据核字（2017）第 023627 号

责任编辑：李　敏　张　菊　王　倩／责任校对：邹慧卿
责任印制：肖　兴／封面设计：黄华斌

科学出版社 出版
北京东黄城根北街 16 号
邮政编码：100717
http://www.sciencep.com
中国科学院印刷厂 印刷
科学出版社发行　各地新华书店经销
*
2017 年 5 月第 一 版　开本：787×1092　1/16
2017 年 5 月第一次印刷　印张：15
字数：400 000

定价：**168.00 元**
（如有印装质量问题，我社负责调换）

《中国生态环境演变与评估》编委会

主　编　欧阳志云　王　桥

成　员　(按汉语拼音排序)

邓红兵　董家华　傅伯杰　戈　峰

何国金　焦伟利　李　远　李伟峰

李叙勇　欧阳芳　欧阳志云　王　桥

王　维　王文杰　卫　伟　吴炳方

肖荣波　谢高地　严　岩　杨大勇

张全发　郑　华　周伟奇

总　　序

我国国土辽阔，地形复杂，生物多样性丰富，拥有森林、草地、湿地、荒漠、海洋、农田和城市等各类生态系统，为中华民族繁衍、华夏文明昌盛与传承提供了支撑。但长期的开发历史、巨大的人口压力和脆弱的生态环境条件，导致我国生态系统退化严重，生态服务功能下降，生态安全受到严重威胁。尤其 2000 年以来，我国经济与城镇化快速的发展、高强度的资源开发、严重的自然灾害等给生态环境带来了前所未有的冲击：2010 年提前 10 年实现 GDP 比 2000 年翻两番的目标；实施了三峡工程、青藏铁路、南水北调等一大批大型建设工程；发生了南方冰雪冻害、汶川大地震、西南大旱、玉树地震、南方洪涝、松花江洪水、舟曲特大山洪泥石流等一系列重大自然灾害事件，对我国生态系统造成了巨大的影响。同时，2000 年以来，我国生态保护与建设力度加大，规模巨大，先后启动了天然林保护、退耕还林还草、退田还湖等一系列生态保护与建设工程。进入 21 世纪以来，我国生态环境状况与趋势如何以及生态安全面临怎样的挑战，是建设生态文明与经济社会发展所迫切需要明确的重要科学问题。经国务院批准，环境保护部、中国科学院于 2012 年 1 月联合启动了"全国生态环境十年变化（2000—2010 年）调查与评估"工作，旨在全面认识我国生态环境状况，揭示我国生态系统格局、生态系统质量、生态系统服务功能、生态环境问题及其变化趋势和原因，研究提出新时期我国生态环境保护的对策，为我国生态文明建设与生态保护工作提供系统、可靠的科学依据。简言之，就是"摸清家底，发现问题，找出原因，提出对策"。

"全国生态环境十年变化（2000—2010 年）调查与评估"工作历时 3 年，经过 139 个单位、3000 余名专业科技人员的共同努力，取得了丰硕成果：建立了"天地一体化"生态系统调查技术体系，获取了高精度的全国生态系统类型数据；建立了基于遥感数据的生态系统分类体系，为全国和区域生态系统评估奠定了基础；构建了生态系统"格局–质量–功能–问题–胁迫"评估框架与技术体系，推动了我国区域生态系统评估工作；揭示了全国生态环境十年变化时空特征，为我国生态保护与建设提供了科学支撑。项目成果已应用于国家与地方生态文明建设规划、全国生态功能区划修编、重点生态功能区调整、国家生态保护红线框架规划，以及国家与地方生态保护、城市与区域发展规划和生态保护政策的制定，并为国家与各地区社会经济发展"十三五"规划、京津冀交通一体化发展生态保护规划、京津冀协同发展生态环境保护规划等重要区域发展规划提供了重要技术支撑。此外，项目建立的多尺度大规模生态环境遥感调查技术体系等成果，直接推动了国家级和省级自然保护区人类活动监管、生物多样性保护优先区监管、全国生态资产核算、矿产资源开发监管、海岸带变化遥感监测等十余项新型遥感监测业务的发展，显著提升了我国生态环境保护管理决策的能力和水平。

《中国生态环境演变与评估》丛书系统地展示了"全国生态环境十年变化（2000—2010年）调查与评估"的主要成果，包括：全国生态系统格局、生态系统服务功能、生态环境问题特征及其变化，以及长江、黄河、海河、辽河、珠江等重点流域，国家生态屏障区，典型城市群，五大经济区等主要区域的生态环境状况及变化评估。丛书的出版，将为全面认识国家和典型区域的生态环境现状及其变化趋势、推动我国生态文明建设提供科学支撑。

因丛书覆盖面广、涉及学科领域多，加上作者水平有限等原因，丛书中可能存在许多不足和谬误，敬请读者批评指正。

《中国生态环境演变与评估》丛书编委会
2016 年 9 月

前　言

2000～2010 年，是我国社会经济、城市化快速发展的十年，也是我国生态环境受人类活动干扰不断加剧，但同时国家对生态环境建设和改善的投入不断增加的十年。2012年，经国务院批准，环境保护部和中国科学院联合启动并实施了"变化全国生态环境十年（2000—2010 年）调查与评估"重大专项项目，目标是全面掌握 2000～2010 年全国生态环境质量的基本状况及其变化的特点和规律，为加强国家宏观生态环境管理和新时期环境保护工作提供科技支撑。其中，重大专项设置了"重点城市化区域生态环境三十年变化调查与评估"专题项目，本书是该专题下设课题"京津冀城市群生态环境三十年变化调查与评估"相关研究成果的系统总结，重点研究了京津冀城市群在区域和城市两个尺度上，1980～2010 年的城市化进程、生态系统格局与变化、生态环境质量特征与演变、资源环境利用效率，以及城市化对生态环境质量的影响，研究结果可为我国新型城市化的城市群构建与可持续发展战略的实施提供可靠的科学支撑。

京津冀城市群位于华北平原东北部，以北京、天津和唐山等重点城市为核心，是我国继珠三角和长三角之后又一经济快速发展的地区。该区域资源丰富、工业基础良好、科学技术发达、交通便利、区位优越，是从太平洋到欧亚内陆的主要通道和欧亚大陆桥的主要出海口，同时，还是我国参与国际政治、经济、文化交流与合作的重要枢纽与门户。改革开放以来，尤其是 2000～2010 年，京津冀城市群得到了快速的发展，土地、人口和经济城市化程度不断提高，但同时也给生态环境带来了巨大的影响。

"京津冀城市群生态环境三十年变化调查与评估"以北京市、天津市和河北省为研究对象，以遥感数据为主，辅以地面调查和长期生态系统监测数据，通过构建评价指标体系，从区域（城市群）和重点城市（北京、天津和唐山）两个尺度，定量评估了京津冀城市群 1980～2010 年的城市化进程及其对生态环境的影响。针对城市群，利用中等分辨率遥感数据，结合地面监测数据和统计数据，揭示了 1980～2010 年京津冀城市群的城市化强度、生态质量、环境质量、资源环境利用效率和生态环境胁迫的时空特征与演变；针对重点城市，进一步利用高空间分辨率遥感数据，阐明了 2000～2010 年主城区扩展及其内部格局特征与演变，并揭示了重点城市城市化的生态环境效应。

本书包括四部分内容，共 10 章。第一部分阐述了京津冀城市群城市化及生态环境概况（第1章）和主要技术方法概述（第2章）；第二部分从城市群尺度，阐述了京津冀城市群城市化进程及其影响因素（第3章）、生态质量特征与演变（第4章）、环境质量及资源环境利用效率（第5章）和生态环境胁迫特征与演变（第6章），并总结了城市群城市化的生态环境效应（第7章）；第三部分从重点城市尺度，揭示了北京、天津和唐山3个重点城市的主城区扩展及其内部格局特征与演变（第8章），并深入解析了重点城市城市化的生态环境效应（第9章）；最后一部分，概括总结了京津冀城市群生态环境的总体状况并提出了政策建议（第10章）。

本课题的实施过程和本书的编辑整理过程得到了中国科学院和环境保护部等有关部门，以及众多不同领域专家的大力支持和悉心指导，尤其是项目首席科学家、丛书主编欧阳志云研究员和王桥研究员对本书架构和内容提出了很多宝贵的建议，谨此向他们表示诚挚的谢意！

由于作者研究领域和学识所限，书中还有诸多不足之处，恳请读者朋友们批评指正，不吝赐教，以有助于我们今后工作的不断改进。

编　者

2016 年 10 月

目　　录

第1章 京津冀城市群城市化及生态环境概况

城市和城市群是人类活动最为集中的区域，也是对生态环境影响最强烈的区域。城市化带来的一系列生态环境问题已经威胁到城市和区域的可持续发展，城市化与生态环境之间的矛盾日益加剧。目前，我国正处在城市化的快速发展阶段，预计到2030年，我国城市化率将超过65%，城市人口达10亿左右。分析城市化对生态环境的影响是我国当前推进城市群可持续发展的迫切需要和亟待解决的重大科学问题。京津冀城市群以北京、天津和唐山等重点城市为核心，是我国区域经济增长最快、经济发展水平最高的地区之一。本书以京津冀城市群为研究区，通过定量分析京津冀区域城市化过程、调查城市群的生态环境质量变化、评估城市化的生态环境效应，为促进社会经济发展、提高人居环境质量和增强区域生态系统服务功能提供科学依据。本章将简要介绍京津冀城市群的自然和社会经济概况、城市化过程及其面临的主要生态环境问题，为后续章节的展开奠定基础。

1.1 京津冀城市群概况

改革开放以来，京津冀地区城市化发展迅速，借助自然资源、政治中心、经济产业、交通枢纽和地理区位等优势，成为中国经济增长最快、经济发展水平最高的地区之一。同时，大规模、快速的城市化发展及不合理的人类活动，也给该区域带来了一系列严重的生态环境问题。

1.1.1 自然地理

京津冀城市群位于华北平原东北部，地处 $113°27'E \sim 119°50'E$，$36°05'N \sim 42°40'N$，北枕燕山，西倚太行山，东临渤海湾，总面积21.6万 km^2（图1-1）。受燕山、太行山、内蒙古高原的影响，地势西北高，主要为高原山地地貌；东南低，主要为平原地貌。该地区的河流发源于太行山和燕山山脉，均注入渤海，主要分为海河和滦河两大水系。京津冀地属暖温带半湿润季风气候带，全年无霜期较长，气候温和，适宜各种农作物生长。春季干旱多风少雨，夏季湿润多雨，秋季秋高气爽少雨，冬季干冷少雨雪。年平均气温在 $0 \sim 14.5℃$，年日照时数在 $2400 \sim 3100h$，平均年降水量为525mm，年潜在蒸发量在 $900 \sim 1400mm$。

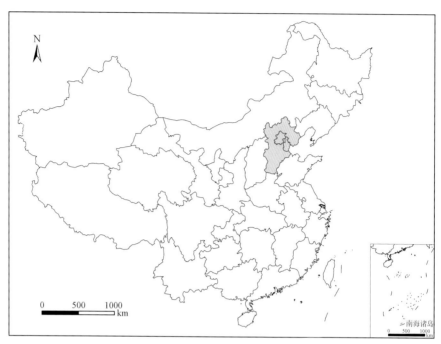

图 1-1　京津冀城市群区位

京津冀城市群的森林覆盖率较低，北京、天津和河北分别为 35.84%、9.87% 和 23.41%，人均森林覆盖面积为 0.027hm^2、0.007hm^2 和 0.059hm^2，在内地 31 个地区中排名倒数第四位、倒数第二位和倒数第七位（中华人民共和国国家统计局，2015）。受城市化和人类活动的影响，京津冀的野生物种主要分布在西北部山区。其中，河北省高等植物较为丰富，全省有 204 科 940 属 2800 多种，其中蕨类植物 21 科，占全国的 40.4%；裸子植物 7 科，占全国的 70%；被子植物 144 科，占全国的 49.5%；陆生脊椎动物 540 余种，其中鸟类 420 余种，约占全国的 33.5%（王洪梅，2004）。

京津冀地区的主要粮食作物是小麦、玉米、谷子、水稻、高粱、豆类等，经济作物是棉花、油料、麻类等。其中，冬小麦种植面积和产量居各种粮食作物之首，是全国小麦主产区之一（王洪梅，2004）。河北省成矿地质条件优越，矿产资源比较丰富。现已发现各类矿产 129 种，探明储量 78 种，其中保有储量居全国内地省份前 6 位的达 38 种（王洪梅，2004）。京津冀海岸线总长 640 多公里，是具有巨大开发潜力的"黄金海岸"。中国四大盐场之一的长芦盐场、大港油田、任丘油田和黄渤海渔场均分布在这里，为京津冀城市群的经济发展提供了丰富的物资保障。

1.1.2　社会经济

京津冀城市群所接省域为：以北与辽宁、内蒙古相接壤，以西与山西交界，以南与河南、山东相邻，以东紧傍渤海。包括北京、天津两个直辖市，以及河北省的石家庄、邢台、邯郸、唐山、秦皇岛、承德、廊坊、沧州、保定、张家口和衡水 11 个地级城市（图

1-2 和表 1-1）。

图 1-2　京津冀城市群组成

　　改革开放以来，京津冀地区经济发展迅速。京津冀以北京和天津为经济增长龙头，带动了整个地区的经济腾飞，成为中国经济增长最快、经济发展水平最高的地区之一（王少剑等，2015）。京津冀城市群是我国继珠三角和长三角之后又一经济快速发展的地区。区域内资源丰富、工业基础良好、科学技术发达、交通便利、区位优越。京津冀地区是从太平洋到欧亚内陆的主要通道和欧亚大陆桥的主要出海口，是我国参与国际经济交流与合作的重要枢纽与门户。

　　2015 年，京津冀地区拥有常住人口 8971 万人，占全国的 6.5%（中华人民共和国国家统计局，2016a）。该地区人口密度为 415 人/km²，而同期全国为 143 人/km²，其中北京更是达到 1322 人/km²，约是全国的 9.2 倍（中华人民共和国国家统计局，2016a）。2000～2012年，京津冀人口增速明显高于同期全国平均水平，人口大幅增长地区主要分布在北京、天津及石家庄、保定、唐山等大城市。京津冀三地间人口流动频繁，北京户籍人口年均增长率中近 1/5 来自河北，且呈逐年上升趋势。

表 1-1　京津冀城市群范围一览表

城市化区	省份	地级市	辖县（区、市、自治县）
京津冀城市群	北京		北京市市辖区、密云县、延庆县
	天津		天津市市辖区、宁河县、静海县、蓟县
	河北	唐山	唐山市市辖区、滦县、滦南县、乐亭县、迁西县、玉田县、唐海县、遵化市、迁安市
		保定	保定市市辖区、满城县、清苑县、涞水县、阜平县、徐水县、定兴县、唐县、高阳县、容城县、涞源县、望都县、安新县、易县、曲阳县、蠡县、顺平县、博野县、雄县、涿州市、定州市、安国市、高碑店市
		廊坊	廊坊市市辖区、固安县、永清县、大城县、文安县、香河县、大厂回族自治县、霸州市、三河市
		秦皇岛	秦皇岛市市辖区、青龙满族自治县、昌黎县、抚宁县、卢龙县
		张家口	张家口市市辖区、宣化县、张北县、康保县、沽源县、尚义县、蔚县、阳原县、怀安县、万全县、怀来县、涿鹿县、赤城县、崇礼县
		承德	承德市市辖区、承德县、兴隆县、平泉县、滦平县、隆化县、丰宁满族自治县、宽城满族自治县、围场满族蒙古族自治县
		沧州	沧州市市辖区、沧县、青县、东光县、海兴县、盐山县、肃宁县、南皮县、吴桥县、献县、孟村回族自治县、泊头市、任丘市、黄骅市、河间市
		石家庄	石家庄市市辖区、高邑县、行唐县、井陉县、灵寿县、栾城县、平山县、深泽县、无极县、元氏县、赞皇县、赵县、正定县、辛集市、新乐市、藁城市、晋州市、鹿泉市
		邢台	邢台市市辖区、柏乡县、广宗县、巨鹿县、临城县、临西县、隆尧县、南和县、内丘县、宁晋县、平乡县、清河县、任县、威县、新河县、邢台县、沙河市、南宫市
		邯郸	邯郸市市辖区、鸡泽县、邱县、永年县、曲周县、邯郸县、肥乡县、馆陶县、涉县、广平县、成安县、魏县、磁县、临漳县、大名县、武安市
		衡水	衡水市市辖区、枣强县、武邑县、武强县、饶阳县、安平县、故城县、景县、阜城县、冀州市、深州市

注：以 2010 年的行政划分为准。

2015 年，京津冀城市群的国内生产总值（GDP）为 69 313 亿元，占全国的 10.24%，在全国 22 个城市群中排名第三（中华人民共和国国家统计局，2016b；河北省统计局，2016a；北京市统计局，2016a；天津市统计局，2016a）。总体上看，京津冀城市群的三次产业结构为"二三一"。其中北京于 1994 年率先实现"二三一"到"三二一"的转变，并且第三产业在 GDP 中所占比重越来越大（叶立梅和崔文，2004）。天津作为老的工业城市，目前仍处于"二三一"结构，第二产业所占比重仍最大，其中电子信息产品制造、医药业占主导地位（马献林，1995）。同时，第三产业比重不断上升，正处于"二三一"到"三二一"的转变中。河北目前是典型的"二三一"结构，第二产业将在一定时期内仍保持对国民经济增长的支柱作用（崔文静和王莉娟，2015）。

1.1.3 生态环境概况

京津冀区域地质地貌环境复杂，资源与环境长期被过度利用，整个区域的可持续发展能力严重受损（把增强和王连芳，2015）。据中国社会科学院和首都经济贸易大学联合发布的《京津冀发展报告（2013）——承载力测度与对策》报告显示，北京的综合承载力已进入危机状态，天津已达警戒线，河北发展空间有限。生态环境形势严峻已成为制约京津冀可持续发展的重要因素之一（冯海波等，2015）。具体表现为以下几个主要方面。

（1）水资源短缺，水质污染严重

京津冀地区是我国水资源最短缺的地区之一，所属的海河流域具有"十年九旱"之称。1956~2000年多年平均水资源量为153.5亿 m^3，人均水资源量仅有320m^3，属于重度资源型缺水地区（封志明和刘登伟，2006；卢路等，2011）。20世纪80年代以来，京津冀地区年降水量减少，中旱、重旱面积呈增加趋势，加剧了水资源供需矛盾（严登华等，2013）。1953~2010年，73个水文站点中74%的站点径流量显著减少，15个水资源区中12个显著下降（徐华山，2015）。因地表水资源不足，过度开采地下水，海河流域地面累计沉降量大于200mm的沉降面积近6.2万 km^2，出现了30多个地下水漏斗区，形成了全国面积最大的地下水漏斗连绵区（乔瑞波，2009；中华人民共和国国土资源部和中华人民共和国水利部，2012）。而且，京津冀城市群的水质污染十分严重。2014年，京津冀水资源总量仅占全国的0.51%，然而化学需氧量（COD）排放量占全国的7.2%，氨氮排放量占全国的6.13%（中华人民共和国国家统计局，2015）。

（2）空气污染严重

京津冀地区是我国空气污染最严重的地区。2008~2010年，大气酸沉降年度总量为4.2~11.6keq/（hm^2·a），是同纬度发达国家的几倍甚至几十倍（Pan et al.，2013）。2003~2012年，PM_{10}和SO_2是京津冀大气污染的首要污染物（梁增强等，2014）。从2012年开始，国家试行新的空气质量标准，并开始监测$PM_{2.5}$，$PM_{2.5}$成为京津冀大气污染的首要污染物。该区域大量的水泥、钢铁、炼油石化等高污染产业排放了大量的大气污染物，加之太行山和燕山地形和气候系统不利于污染物扩散，是造成空气污染的主要原因（王跃思等，2014）。近年来，京津冀城市化快速发展，不断开工的建设项目的扬尘污染和日益增多的机动车尾气排放，已成为大气环境中继燃煤废气污染之后的又一重点污染源。

（3）水旱灾害频繁，水土流失严重

京津冀植被覆盖率不高，植被水源涵养调蓄能力较差。大部分山区土层薄，在失去地表植被保护的情况下，一旦遭遇暴雨，极易发生山洪、泥石流和水土流失灾害（李晓松等，2011）。遇到干旱少雨的年份，降水减少，蒸发量大，干旱化加剧，荒漠化区域增大。以北京为例，多年的建设开发严重破坏了原生植被覆盖，导致水土流失比较严重。2000年调查表明，全市水土流失总面积为4088.91km^2，约占全市土地总面积的24.3%，其中轻度侵蚀2974.70km^2、中度侵蚀1114.21km^2（靳怀成，2001）。"十二五"期间，京津冀大力度推进生态环境建设、治理水土流失，启动实施密云水库上游生态清洁型小流域建设和滦河流域国土江河综合整治试点，生态环境得到一定程度的改善。

（4）城市热岛效应显著

城市人为热释放直接决定了城市热岛效应的强度，同时城市下垫面变化也在一定程度上影响了地表能量平衡并加剧了城市热岛强度（刘伟东等，2016）。1971～2010年，北京、天津和石家庄平均气温热岛强度总体呈上升趋势，北京的热岛效应最强，为1.26℃；其次为天津0.9℃，石家庄相对较弱，为0.75℃；其中，石家庄平均气温的热岛效应近40年增加最显著，每10年达0.13℃（刘伟东等，2016）。热岛强度明显的区域主要集中在工业区、道路建筑人口密集的区域（Gai et al.，2011）。随着城市的快速扩张，热岛的影响范围也随之增大，尤其北京、天津的城市热岛逐渐由孤岛转化为热岛链或热岛群。

（5）生态系统退化

由于长期的人类活动干扰，京津冀地区的森林生态系统遭受了极大的破坏，尤其原始林已经不复存在（王洪梅，2004）。随着人们对森林生态功能重要性的逐步认识，京津冀相继开展了封山育林、退耕还林、水土保持、水源地保护等保护和恢复措施，促使次生林和灌丛逐步恢复。1950～2015年北京的林木覆盖率从1.3%提高到59%。尽管这些措施对京津冀地区的森林生态系统恢复起到一定程度的积极作用，但是次生林生态系统不成熟、不完善，人工林品种单一、病虫害严重等问题，致使京津冀地区的森林生态系统不能充分地发挥其应有的生态服务功能。

（6）湿地减少，生物多样性减少

湿地，被称为"地球之肾"，是地表生物多样性最富有的生态系统之一，对保护环境起着极其重要的作用（牛振国等，2012）。1950年，京津冀所在的海河流域天然湿地广泛分布，约有10 000km²，到20世纪70年代锐减到889km²，当前依然处于持续萎缩的趋势（郭丽峰等，2005）。白洋淀是京津冀最大的淡水湖。20世纪80年代以来，白洋淀水源补给不足、水位下降、干淀等问题频繁。1996年白洋淀的最大水量已经减少为1963年的1/10（刘春兰等，2007）。1974～2007年，湿地面积从249.4km²下降到182.6km²，减少了26.8%（庄长伟等，2011）。湿地生物多样性急剧减少，藻类种类减少了15.5%，鱼类种类也减少了44.4%（郭丽峰等，2005）。可见，京津冀地区的湿地生态系统退化，已经严重影响了该地区的生态安全和区域可持续发展。

1.2 京津冀城市化过程及其生态环境效应

改革开放以来，京津冀地区经历了快速的城市化过程。1980～2015年，京津冀的城市化率从38.86%增加到62.53%，高于全国城市化率水平55.88%（王少剑等，2015；中华人民共和国国家统计局，2016a）。2015年，北京的城市化率为86.5%（北京市统计局，2016b），天津为82.64%（天津市统计局，2016b），河北为51.33%（河北省统计局，2016b）。城市化是一个经济、社会、文化等多种因素综合发展的过程，它不仅表现为人口由农村向城镇的转移集聚、城镇人口逐步增加，还表现为农业景观向城市景观转换、农业地域向城市地域转换导致城镇数量的增加和城镇规模的扩大。

在城市化过程中，人类活动对生态环境的胁迫压力日益增大，各种生态环境问题不断增多。与此同时，日益加剧的生态环境问题也影响和制约了城市的发展（把增强和王连芳，2015）。城市人口和产业的集聚、城市规模的快速扩张及城市内部的大拆大建，给城市及其周边区域带来了一系列的生态环境问题，对城市及其周边区域的水、土、气和生等各个方面产生了重要的影响。

城市化发展长期过度开发水资源，导致湿地萎缩消失、河流干涸断流、河口生态系统退化、地面沉降、海水入侵、水体污染等一系列的生态环境问题（刘瑜洁等，2016）。水资源已经成为制约京津冀地区社会经济可持续发展的重要因素。多年来的水利建设使本地水资源利用程度已达全国之首（王有民和王守荣，2010）。但是，人均水资源量已由20世纪90年代初的 $300 \sim 400 m^3$ 下降到2000年以来的不足 $200 m^3$，大大低于联合国提出的人均 $1000 m^3$ 的水资源安全警戒线（封志明和刘登伟，2006）。由于区域自产水资源供给量的持续下降和人口经济的快速增加，京津冀地区生活用水、工农业用水都面临巨大的压力。

京津冀地区城市化对耕地等生态用地的侵占十分显著（吴健生等，2015）。2000～2010年京津冀地区的建设用地急剧扩张、耕地资源快速减少、整体破碎化增大是该时期京津冀地区土地利用变化的一大特点（吴健生等，2015）。城镇工矿及交通建设用地在平原区扩张最为明显；平原、台地和丘陵地区的耕地不断缩减。与此同时，林地建设在平原和大起伏山地效果显著（赵敏等，2016）。社会经济、农业生产条件、交通、地形和政策为影响土地利用/土地覆盖变化的主要驱动力（胡乔利等，2011）。

京津冀是我国现阶段空气污染最为严重的地区。近年来京津冀地区的霾污染事件频发可以归因于不利天气条件与人为排放的大量污染物的共同作用（缪育聪等，2015）。北京、天津和石家庄2014年上半年的空气质量达标天数比例仅为43.6%、46.4%和18.9%，京津冀地区空气污染形势十分严峻（缪育聪等，2015）。研究发现，二次污染物、生物质燃烧、交通排放、工业排放、沙尘、燃煤及建筑物扬尘等对北京地区的 $PM_{2.5}$ 具有重要的贡献（Sun et al.，2013；Zhang et al.，2013）。

由于京津冀城市扩张速度加剧、农田大量转化为建筑用地，城郊地区植被覆盖度迅速下降。1982～2013年，平原农业区和城郊地带植被覆盖度呈显著下降趋势（晏利斌和刘晓东，2011；赵舒怡等，2015）。另外，城市化通过改变人类活动方式和增加绿化建设，部分区域的生态质量逐步恢复好转。2000～2010年，城市内部和远郊区的植被覆盖呈逐步增加趋势（Qian et al.，2015；王坤等，2016）。京津冀相继开展的退耕还林还草、"见缝插针"等城市绿化工程和区域生态建设功能对植被覆盖恢复起到了积极作用。

第2章 京津冀城市群生态环境评估的技术方法概述

本章重点对京津冀城市群生态环境评估的技术方法进行概述。从城市扩张、生态质量、环境质量、资源效率、生态环境胁迫5个方面，在京津冀城市群及其重点城市两个尺度上，对城区扩张、生态环境状况与质量进行调查和评价所采用的技术方法展开论述。首先介绍本次调查评价的目标和内容，接下来介绍调查和评价的总体研究框架，并重点介绍构建的指标体系和总体技术路线，然后着重阐述数据收集及数据库建设情况和分析与评价方法，最后对本次调查评估中的主要技术难点及相关解决方案做了简要介绍。需要说明的是，本套丛书中的《中国典型区域城市化过程及其生态环境效应》，对包括京津冀在内的6个城市群的调查评估所采用的大部分技术和方法进行了详细的阐述。因此，本章简要介绍了在上述专著中详细阐述过的技术方法，重点介绍了京津冀城市群研究中涉及的特殊的问题、难点及其解决方案等。

2.1 调查评价目标和内容

从城市扩张、生态质量、环境质量、资源效率、生态环境胁迫5个方面对目标重点城市群和重点城市的城区扩张、生态环境状况与质量进行调查和评价。旨在明确：①1980~2010年京津冀城市群以及2000~2010年北京、天津和唐山城市化的状况、扩展过程、强度及其生态环境影响；②1980~2010年京津冀城市群以及2000~2010年北京、天津和唐山生态系统与环境质量状况及变化；③1980~2010年京津冀城市群以及2000~2010年北京、天津和唐山城市化的生态环境胁迫与效应；④京津冀城市群城市化趋势及其生态环境问题与对策。

（1）1980~2010年京津冀城市群和2000~2010年北京、天津和唐山城市化的状况、扩展过程、强度及其生态环境影响

利用1980年、1990年、2000年、2005年和2010年的遥感、土地利用和地面调查数据，分析和评价1980~2010年京津冀城市群以及2000~2010年北京、天津、唐山生态系统格局的状况和变化，重点调查和分析城市化的状况、扩展过程和强度。在城市群尺度，主要基于全国生态系统遥感分类结果，通过变化检测分析和统计分析，分析京津冀城市群森林、农田、草地、湿地等生态系统类型的格局与变化，以及城市建设用地的格局与变化；重点调查与分析城市群城市建成区的空间扩展过程、面积与分布；在城市尺度，以城市不透水层提取结果为数据源，分析北京、天津、唐山建成区不透水地面与城市绿地、湿地等透水地面的分布与变化。

（2）1980～2010年京津冀城市群和2000～2010年北京、天津和唐山生态系统与环境质量状况及变化

根据京津冀城市群和北京、天津、唐山建成区生态环境遥感分类结果，结合地面调查，并利用统计和环境监测数据，调查和分析城市群和重点城市建成区两个尺度上不同生态系统类型的面积、分布及其变化，尤其是湿地面积的变化。调查和分析京津冀城市群和北京、天津、唐山建成区生物多样性的变化。重点调查和分析京津冀城市群及北京、天津、唐山城市建成区大气环境和水环境质量的状况与变化：①调查和分析区域和城市两个尺度上大气污染的状况和变化，以及相关气体排放量的变化趋势，揭示大气污染的驱动因子和产生机制；②调查和分析城市群与重点城市建成区水环境状况，水质污染的分布、来源、程度及性质，分析其与生态系统格局和变化的相互关系。

根据城市化区域及建成区生态环境特征和变动趋势，建立区域与城市两个尺度的生态环境综合质量评价方法与指标，对1980～2010年城市群区域和2000～2010年重点城市的生态质量、环境质量及生态环境质量进行综合评价；通过对比分析不同年份的评价结果，得到京津冀城市群近30年和北京、天津、唐山10年间生态环境质量的变化，刻画和阐明城市群生态环境在两个尺度上的质量特征及演变。

（3）1980～2010年京津冀城市群和2000～2010年北京、天津和唐山城市化的生态环境胁迫与效应

从京津冀城市群和北京、天津、唐山重点城市两个尺度，分析城市化与区域和城市生态环境变化的关系，阐明城市化过程的生态环境影响和胁迫，从生态系统破坏、资源能源消耗、大气环境污染、水环境污染、固体废弃物排放及城市热岛效应等方面评估京津冀城市群和北京、天津、唐山城市化的生态环境效应强度和格局。

（4）京津冀城市群城市化趋势及其生态环境问题与对策

分析京津冀城市群城市化趋势及其生态环境问题，揭示城市化过程产生的生态环境问题的特点，辨识城市生态环境问题形成与发展的关键驱动力，提出相应的生态环境管理对策。

2.2 研究框架

根据调查评价目标和内容，首先设计了调查和评价指标体系，在城市群和重点城市两个层次上，设计了6套指标体系，建立了5个方面的调查指标体系，通过指标筛选和构建新指标，建立了评价指标体系。最后设计了以数据收集与预处理、信息提取、综合分析和成果产出为主线的总体技术路线。

（1）调查和评价指标体系

根据调查和评价目标，从自然条件、社会经济与资源、城市扩张、生态质量、环境质量5个方面选择调查指标，以充分了解京津冀城市群和重点城市生态系统及环境质量的各方面特征，建立我国城市群生态环境信息基础数据库，为我国区域生态环境变化及其驱动力分析、城市化生态环境问题辨识、生态环境管理政策和制度建设提供基础性信息支撑

（表 2-1）。在调查指标的基础上，筛选一定数量的指标或组建一定数量的新指标来评价京津冀城市群区域与重点建成区的生态环境综合质量及其效应。指标框架包括自然条件、社会经济与资源、城市扩张与建成区格局特征、生态质量、环境质量 5 个方面（表 2-2）。

表 2-1　京津冀城市群生态环境状况调查内容与指标

序号	调查内容	调查指标	数据来源
1	自然条件	①年均气温；②年极端最高气温；③年极端最低气温；④月平均气温；⑤月极端最高气温；⑥月极端最低气温	气象部门
		①年均降水量；②月均降水量；③多年平均降水量；④逐月多年平均降水量	地面气象站监测数据
		①地表水资源量（主要河流、湖泊、水库年均水位与流量）；②地下水资源量	统计数据
2	社会经济与资源	行政区国土面积	遥感数据
		①人口总数；②城市与乡村人口；③户籍与常住人口	统计数据
		①国民生产总值；②分产业产值与结构	统计数据
		城市建成区面积及分布	统计数据、遥感数据
		①各等级公路长度及分布状况；②各类型铁路及分布；③港口规模及分布	交通图件、统计数据
		①社会用水量；②分行业用水量	水利统计
		能源消费总量：第一产业、第二产业、第三产业	统计数据
3	城市扩张与建成区格局特征	不透水地面（按人工建筑和道路分类）面积与分布	遥感数据（全国+京津冀城市群）
4	生态质量	各类生态系统的面积、比例、斑块大小、多样性、斑块密度和连接度	遥感数据（全国）
		生物量	NDVI（归一化植被指数）数据+遥感获取的植被分布
		①不同程度风蚀土壤侵蚀面积与分布；②不同程度水蚀土壤侵蚀面积与分布	遥感数据（全国）
		绿地类型、面积与分布	遥感数据（全国）
		地表温度分布图	遥感数据（京津冀城市群）

序号	调查内容	调查指标	数据来源
5	环境质量	①河流监测断面水质与级别（常规监测各项指标：pH、溶解氧、高锰酸盐指数、BOD$_5$（五日生化需氧量）、氨氮、石油类、挥发酚、汞、铅等）；②湖泊水质；③河流和湖泊水功能与水质目标	环境监测数据
		①空气环境监测站点分布；②各站点主要空气污染物浓度：SO$_2$浓度、NO$_2$浓度、PM$_{10}$浓度等	环境监测数据
		①酸雨频率及其空间分布特征；②酸雨年均pH及其空间分布特征	环境监测数据
		①工业废水排放量、生活废水排放量；②工业COD排放量、生活COD排放量；③工业氨氮排放量、生活氨氮排放量	环境统计
		①工业废气排放量、生活废气排放量；②工业烟尘排放量、生活烟尘排放量；③工业粉尘排放量；④工业NO$_x$排放量、生活NO$_x$排放量；⑤工业SO$_2$排放量、生活SO$_2$排放量；⑥工业CO$_2$排放量、生活CO$_2$排放量	环境统计
		①工业固体废物排放量；②生活垃圾排放量；③城市垃圾堆放点、面积及分布	环境统计、遥感数据
		①化肥施用量；②农药使用量；③耕地面积	农业统计

表2-2　北京、天津、唐山生态环境状况调查内容与指标

序号	调查内容	评价指标	数据来源
1	自然条件	①年均气温；②年极端最高气温；③年极端最低气温；④月平均气温；⑤月极端最高气温；⑥月极端最低气温	气象部门
		①年均降水量；②月均降水量；③多年平均降水量；④逐月多年平均降水量	地面气象站监测数据
2	社会经济与资源	城市人口总数（人均收入、人均GDP、人口年龄比例、受教育程度）	统计数据
		城市建成区面积及分布	遥感数据（北京、天津和唐山为高分影像）、统计数据
		①社会用水量；②分行业用水量	统计数据
		能源消费总量：第一产业、第二产业、第三产业	统计数据
3	城市扩张与建成区格局特征	不透水地面（按人工建筑和道路分类）面积、比例与分布	遥感数据（北京、天津和唐山为高分影像）

序号	调查内容	评价指标	数据来源
4	生态质量	城市绿地类型、面积与分布（斑块大小、斑块密度、边界密度、形状指数、连接度、破碎度）	TM-NDVI 数据
			遥感数据（北京、天津和唐山为高分影像）
		地表温度分布图	遥感数据
5	环境质量	①河流监测断面水质与级别（常规监测各项指标：pH、溶解氧、高锰酸盐指数、BOD_5、氨氮、石油类、挥发酚、汞、铅等）；②湖泊水质；③河流和湖泊水功能与水质目标	环境监测数据
		①空气环境监测站点分布；②各站点主要空气污染物浓度：SO_2 浓度、NO_2 浓度、PM_{10} 浓度等	环境监测数据
		①工业废水排放量、生活废水排放量；②工业 COD 排放量、生活 COD 排放量；③工业氨氮排放量、生活氨氮排放量	环境统计
		①工业废气排放量、生活废气排放量；②工业烟尘排放量、生活烟尘排放量；③工业粉尘排放量；④工业 NO_x 排放量、生活 NO_x 排放量；⑤工业 SO_2 排放量、生活 SO_2 排放量；⑥工业 CO_2 排放量、生活 CO_2 排放量	环境统计
		①工业固体废物排放量；②生活垃圾排放量；③城市固体垃圾堆放点、面积及分布	环境统计、遥感数据

（2）总体技术路线

京津冀城市群生态环境调查评估主要以环境卫星、TM、SPOT、ALOS 等遥感卫星数据、基础地理数据、行业专题数据和社会统计数据为数据源，开展遥感分类和地表参数反演，结合地面调查，并利用统计和环境监测数据，在京津冀城市群和北京、天津、唐山等城市建成区两个尺度上，调查和评估京津冀城市群生态系统与环境质量状况及 10 年变化、建成区扩展过程、强度和影响，开展生态环境质量评价和生态环境效应分析，最终形成相关的报告和专题图件。技术路线如图 2-1 所示，主要包括 4 个步骤。

1）数据收集与预处理：收集的数据包括京津冀城市群的多源遥感数据、基础地理数据、行业专题数据和社会经济数据。对多源遥感数据进行辐射校正和几何校正等预处理，对基础地理数据进行矢量化和几何校正等预处理，对行业专题数据和社会经济数据进行电子录入、量纲统一、空间化等预处理，并在此基础上建立京津冀城市群生态环境遥感调查与评估基础数据库。

2）信息提取：京津冀城市群的生态系统类型遥感分类和地表参数反演数据依托全国生态系统类型分类结果及其地表参数反演结果数据，通过核查和修正得到。信息提取的工作主要包括北京、天津和唐山等重点城市生态系统类型的提取及城市生态参数的反演。其中，城市生态系统类型包括绿地、水域、裸地等透水层和建筑物、道路、广场等不透水层，城市生态参数主要包括地表温度、生物物理参数等。

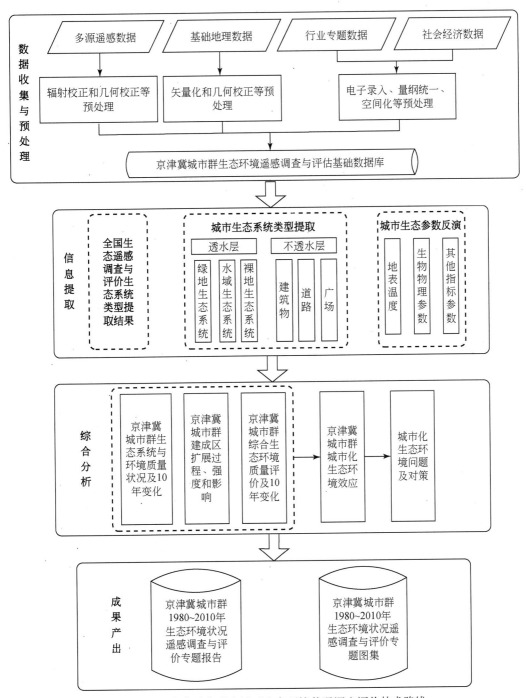

图 2-1 京津冀城市群和城区生态环境状况调查评价技术路线

3）综合分析：在城市群和城市建成区两个尺度上，分析京津冀城市群和北京、天津与唐山等重点城市的生态系统与环境质量状况及变化，城市群建成区扩展过程、强度和影响，以及城市群综合生态环境质量评价及 10 年变化。在此基础上分析京津冀城市群城市化生态环境效应，最后总结城市化生态环境问题并提出对策。

4）成果产出：产出成果主要有：京津冀城市群 1980～2010 年生态环境状况遥感调查与评价专题报告、京津冀城市群 1980～2010 年生态环境状况遥感调查与评价专题图集。

2.3　数据收集及数据库建设

（1）遥感数据收集

收集的遥感数据主要包括三类：中分辨率卫星遥感数据、中高分辨率遥感数据和亚米级高分辨率遥感数据。中高分辨率遥感数据一方面用于核实和修正全国生态系统分类及地表参数反演结果；另一方面用于北京、天津和唐山这 3 个重点城市建成区的生态系统分类和地表参数提取。

具体来说，用到的 3 种分辨率的遥感数据包括：①覆盖整个京津冀城市群的中分辨率遥感卫星数据，包括 1984 年、1990 年、2000 年、2005 年和 2010 年共 5 个时相。其中，1984 年、1990 年、2000 年和 2005 年以 Landsat 系列的 MSS、TM 和 ETM+数据为主，2010 年以 HJ-1 卫星 CCD 数据为主，数据有缺失的地区以同等分辨率同一时相的其他卫星数据作为补充。②中高分辨率数据，2000 年以 SPOT-2/4 数据为主，2005 年以 SPOT-4/5 2.5m 全色和 10m 多光谱数据为主，2010 年以 ALOS 数据为主，辅助以 SPOT-5 数据。空间范围为北京、天津和唐山这 3 个城市的建成区。③亚米级高分辨率卫星影像，以 QuickBird、IKONOS 数据为主，辅助以 GeoEye-1、WorldView-1、WorldView-2 等数据，覆盖北京、天津和唐山 3 个城市建成区的部分位置。这些数据主要作为分类数据精度验证的参考数据。

（2）遥感土地覆盖和参数反演数据

本研究中所使用的 2000 年、2005 年和 2010 年的全国生态系统分类数据，来源于全国生态环境十年（2000—2010 年）变化遥感调查与评估项目组的数据产品，其一级分类结果被应用于本书的研究，该数据产品空间分辨率为 30m，包括城镇、林地、草地、耕地、水体和其他 6 类地物。遥感反演参数包括植被指数、植被覆盖度、生物量和地表温度，也均来自全国生态环境十年（2000—2010 年）变化遥感调查与评估项目组的数据产品，除地表温度的空间分辨率为 120m 外，其余数据产品均为 30m，与生态系统分类数据的空间分辨率一致。

（3）人口与社会经济统计数据

人口与社会经济统计数据，主要来源于北京市、天津市和河北省的省和各地级市的统计年鉴及相关行业年鉴，主要收集的数据指标包括人口数量、GDP、产业结构、水和能源总量与消费量等。收集年份涵盖 1980～2010 年，但部分指标自 2000 年左右才开始统计，因此 2000～2010 年收集到的指标较为完善。

（4）环境统计与监测数据

环境统计与监测数据主要来源于北京市、天津市和河北省及各地级市的环境质量报告书，同时获取了一批由全国生态环境十年（2000—2010 年）变化遥感调查与评估项目组提供的环境统计数据。该数据覆盖了水体、土壤和空气等方面的多项环境指标，收集年份主要涵盖 2000 年、2005 年和 2010 年。

（5）基础数据库架构

本研究所涉及的数据量较大，主要通过建立数据库进行系统的管理（图 2-2）。数据库的构建，首先制定了数据管理标准，包括数据提交规范、元数据规范和数据入库规范等。在数据库架构上，主要应用地理信息系统的数据库管理工具（如 ArcGIS Catalog），将空间数据与非空间数据统一入库，并建立数据关联，实现非空间数据的空间可视化。在空间数据管理方面，分为栅格数据和矢量数据两类，其中矢量数据细分为点、线和面状数据，栅格数据进一步分为遥感原始影像、遥感预处理后数据和其他的栅格数据等几类，以便于数据的更新和快速检索。

```
□ 🗀 00京津唐重点城市
  □ 🗀 北京市数据
    □ 🗀 北京市栅格数据
      ⊞ 🗀 北京市其他栅格数据
      ⊞ 🗀 北京市遥感原始影像
      ⊞ 🗀 北京市遥感最终结果数据
      □ 🗀 北京市遥感预处理后数据
        ⊞ 🗀 1.原始全色影像转换
        ⊞ 🗀 2.原始多光谱影像转换
        ⊞ 🗀 3.全色几何校正
        ⊞ 🗀 4.全色拼接
        ⊞ 🗀 5.多光谱几何校正
        ⊞ 🗀 6.多光谱拼接
        ⊞ 🗀 7.数据融合
        ⊞ 🗀 8.数据裁剪
    🗀 北京市环境及经济统计数据
  □ 🛢 Beijing_Vector
    ⊞ 🗇 Beijing_Line
    ⊞ 🗇 Beijing_Point
    ⊞ 🗇 Beijing_Polygon
```

图 2-2　数据库架构案例

2.4　分析与评价方法

（1）遥感数据分析方法

京津冀城市群遥感数据分析：2000 年、2005 年和 2010 年京津冀城市群尺度的遥感土地覆盖分析基于全国生态系统遥感分类结果；1984 年和 1990 年京津冀城市群遥感土地覆盖数据以 2010 年为主要参考，通过回溯（backdate）的变化检测分析获得。通过分析

1984年、1990年、2000年、2005年和2010年的森林、农田、草地、湿地、城镇用地等生态系统类型与格局及其变化，重点剖析城市群城市城镇用地的空间扩展过程、面积与分布。

北京、天津和唐山的城市建成区遥感数据分析：北京、天津和唐山的城市建成区土地覆盖分类和生态系统遥感信息提取主要基于高分辨率的SPOT-4/5卫星影像和ALOS卫星数据。建成区包括城市生态系统中最基本的5种土地覆盖类型：人工建筑、道路、植被、裸地和水体。建成区生态系统首先分为透水地面和不透水地面两个一级类别。透水地面进一步分为植被、裸地和水体3个二级类；不透水地面分为人工建筑和道路两个二级类。

建成区土地覆盖的分类和变化检测采用基于回溯的土地覆盖变化检测和土地覆盖分类方法。该方法以2010年作为基准年，首先采用基于对象的图像分析方法生成高精度的2010年的土地覆盖分类图，然后以2010年土地分类结果为基准图（basemap），通过回溯的方法分别获取2000年和2005年的土地覆盖分类结果，并分析2000年、2005年和2010年北京、天津和唐山建成区各生态系统类型的面积、比例、分布及其在2000年、2005年和2010年的变化情况。采用生态系统类型转移矩阵分析不同年份间建成区生态系统类型的变化。

（2）城市化及其对生态环境影响的分析与评价方法

城市化的状况、扩展过程、强度和影响：基于遥感解译得到的结果，采用生态系统转移矩阵分析方法和指数分析法，量化京津冀城市群和北京、天津、唐山城市建成区的状况、扩展速度和强度。采用景观格局指数方法，从单个斑块、斑块类型和景观斑块镶嵌体3个层次，重点分析1984年、1990年、2000年、2005年和2010年京津冀城市群和城市生态系统景观结构组成特征、空间配置关系及其近30年的变化。采用的指数包括形状指数、丰富度指数、多样性指数、聚集度指数、破碎度指数等。景观指数的计算使用Fragstats软件程序。

生态系统与环境质量状况及30年变化：分别建立京津冀城市群与北京、天津、唐山等重点城市生态环境质量评价方法与指标，综合评价1984年、1990年、2000年、2005年和2010年京津冀城市群及2000年、2005年和2010年北京、天津、唐山等重点城市的生态环境质量。主要评价方法为单指标分级法和综合指标法，综合指标权重通过层次分析方法确定。通过分析和对比京津冀城市群和北京、天津、唐山等重点城市在不同年份的生态环境质量，获取京津冀城市群30年和北京、天津、唐山10年生态环境质量的变化，刻画和阐明城市群和重点城区生态环境质量特征及演变。不同年份和不同城市之间生态环境质量的对比研究主要采用生态系统类型面积和百分比统计方法、生态系统转移矩阵分析方法，以及生态系统动态度、变化速度等指数分析等方法。

城市化的生态环境效应：①相关性和回归分析方法。采用相关性分析衡量生态环境效应指标与城市化水平、经济发展水平之间的相互关系；利用多元回归分析方法研究城市化和经济发展水平对不同生态环境指标影响的重点程度，量化城市化水平提高和GDP增长的生态环境效应。②建立生态环境胁迫指数，量化城市化水平提高、经济增长对生态环境的胁迫效应。

城市化生态环境问题及对策：分析京津冀城市群的生态环境问题，辨识城市生态环境问题形成与发展的关键驱动力，提出相应的生态管理对策。主要方法为归纳法。

2.5 主要技术难点及相关解决方案

（1）遥感反演参数和遥感图像解译难题及其解决方案

遥感影像的光谱信息（如中低分辨率影像中的混合像元）、尺度效应（城市群与重点城市）、遥感数据时相的差异、遥感反演或解译方法的选取和先验知识影响参数反演精度或遥感信息获取精度。而反演参数的准确性和信息提取的可靠性直接影响后续的综合分析与评价，因此，确保参数反演精度和遥感解译精度满足生态环境 10 年变化的调查与评估需求是本研究的主要技术难点之一。

物理模型反演参数是提高遥感定量化水平的方法之一。物理模型的共同特点是参数多，对冠层的表达准确。影响参数反演精度的因素有冠层反射率数据的质量，还有反演过程中参与反演的未知参数的个数、参与反演的每个参数的敏感性及各个参数敏感性之间的相关性。提高反演精度，一方面，是要提高冠层反射率数据集的质量，因此需要将数据预处理工作做好，包括大气纠正、几何纠正等工作，还要减少数据中的随机噪声；另一方面，在反演前对模型参数的敏感性及各个参数敏感性之间的相关性得有一个全面正确的认识。

采用多种验证方法，保证遥感图像解译精度，可通过以下两种方法来保证结果的准确性：①分类结果的野外实地验证：对研究区域的土地利用/土地覆盖遥感信息图进行分层抽样，然后对抽样得到的样本点进行野外实地验证，得到分类的精度指标，用混淆矩阵和 Kappa 系数来表示。②与已有的土地利用现状图进行对比分析：通过收集研究区当前的土地利用状态图，将遥感手段获取的分类结果与土地利用状态图进行对比分析，得到遥感解译精度。通过野外实地验证和与已有的土地利用图对比分析的结果，分析遥感图像解译精度并修正解译结果，以进一步提高影像信息获取的准确性。

（2）多时相遥感数据光谱匹配的精度问题及其解决方案

基于回溯方法的土地利用变化检测是指通过多时相的遥感数据之间像元光谱特征矢量的变化来获取土地利用类别的变化信息，进而由当前的分类结果回溯得到以前时相的土地覆盖信息。该方法的核心问题是多时相变化矢量信息的提取，因此，多时相多源遥感数据之间的几何配准精度和光谱匹配归一化是获取高精度变化矢量信息的关键环节，也成为后续分析处理精度的决定因素。

多源多时相遥感图像的光谱图像存在很大的差异。遥感图像会受到诸如天气变化、时相变化、平台姿态变化等客观因素的影响。总的来说，可通过以下方法保证遥感图像光谱匹配精度：①多时相遥感数据之间高精度的几何配准。通过高精度的地面控制点，实现多时相遥感数据之间高精度的几何配准。②高精度的光谱匹配。为了确保遥感数据的科学性及最大限度的定量化应用，在卫星发射前后都对传感器各种辐射特性的不确定度和误差进行全面而准确的定量化。因此，依据研究区域所采用的遥感数据类型，收集相关卫星平台和传感器对应时相的辐射特征参数，为后续的光谱匹配归一化提供基础依据。通过多传感器平台之间进行相关的统计回归分析，进而得到不同传感器之间的辐射光谱归一化方程。同时，可以应用多时相遥感图像的统计特征，从多时相遥感图像中，选择多种类型的不变目标，认为这些目标的光谱特征在不同的时相是相同的，以这些不变目标的光谱辐射亮度为基础进行统计回归分析，建立多时相遥感数据之间的辐射光谱归一化方程。③校正归一化后的光谱变化矢量图。对通过代数运算得到的变化矢量图进行进一步的分析与校正，消除伪变化。由于图像上地物的空间纹理特征相对于光谱特征，受外界条件的影响小，因此可以充分挖掘高分辨率遥感图像的空间纹理特征，来辅助修正光谱变化矢量信息。首先提取高分辨率遥感图像的纹理特征信息，然后获取多时相的纹理矢量变化信息图，最后将纹理矢量变化信息与光谱矢量变化信息进行综合分析，求得校正后的光谱矢量变化图。

（3）遥感数据与统计数据时间空间不一致问题及其解决方案

统计数据一般时间尺度较大，多来自于政府部门的各种统计资料，表示某一地理区域一定时期内的自然经济要素特征、规模、结构、水平等指标，多用于部分宏观分析或驱动力分析。遥感数据多为点数据，表示某一时间点某区域自然地理信息，一般局限于某个时间点，并且其空间分辨率较高。如何将遥感数据与统计数据达成时空一致性，是本研究的主要技术难点之一。

为了减少遥感数据和统计数据在综合应用中，由于时空尺度不同而引起的误差，可以采取以下方法：①尽可能地获得较为细致的统计数据，提高统计数据的时空分辨率；②增加参与计算的遥感数据时间点，形成遥感观测的时间序列，利用其统计结果提高遥感数据的时间分辨率。

第3章 京津冀城市群城市化进程及其影响因素

城市化进程是指土地覆盖和利用属性、人口和社会经济关系，以及生产生活方式从农村主导型向城市主导型转变的过程。其驱动因素十分复杂，涉及自然（如地形和资源）、经济（如经济增长模式和经济结构特征）和社会文化（如发展历史、社会政治地位和国家发展政策）等方面。3.1~3.3节首先从土地、人口和经济3个方面，在城市群与城市两个尺度上，定量地分析了京津冀城市群城市化格局与演变特征。进而，在3.4节综合分析了上述城市化指标，评价并探究了城市化发展协调性，并解析了城市化的驱动因素。

研究表明，1980~2010年，京津冀城市群经历了快速、大规模的城市化过程，土地、人口和经济城市化都得到了大规模的发展。土地城市化方面，人工表面快速增长，主要从耕地转变而来，城市扩张以边缘扩张型模式为主。城市扩张速度在不同城市具有较大的差异性，主要表现为重点城市扩张速度显著高于非重点城市，形成了以北京和天津为核心的双中心格局。人口城市化方面，从户籍人口城市化率来看，近30年，总体上城市户籍人口增长快速，但城市群人口城市化存在显著的地域差异。经济城市化方面，GDP和人均GDP大幅度提高。特别是重点城市，如北京和天津两市，GDP和人均GDP显著高于其余城市。产业结构以第二、第三产业为主，重点城市第三产业比重明显提高。综合土地、人口与经济3个方面，发现各个城市城市化强度既有相似之处，也存在差异。城市扩张、城市化空间布局及其变化受多种因素共同作用。其中，社会因素的影响变得越来越重要，人口城市化与经济发展之间协调一致共同发展。

3.1 土地城市化格局与演变

3.1.1 土地城市化格局与演变的总体特征

土地城市化指在城市化过程中，非城市用地，如耕地、森林、草地等转化为城市建设用地，地表特征由非硬化地表转化为硬化地表的过程，是城市化过程最为直观的表现。快速准确地定量解析土地城市化不仅是城市化过程研究的基础，也是研究城市化对生态环境影响的基础。土地城市化格局与演变特征的定量分析不仅包括行政区边界内人工表面的范围及变化，还包括土地性质的转变和城市建成区面积的扩张。本章首先基于30m空间分辨率的遥感影像数据，通过遥感解译的手段识别并提取 6 种典型土地利用/土地覆盖类型，然后以此数据为基础，从区域和城市两个尺度定量地解析京津冀城市群 1980～2010 年（因无 1980 年的卫星影像数据，本书以 1984 年的卫星影像数据结果来展现 20 世纪 80 年代土地城市化空间信息）的土地城市化格局与演变的特征。

近 30 年来，京津冀城市群人工表面面积大幅度增长（图 3-1）。1984 年人工表面仅为 12 798.94km²，至 2010 年，已增加至 21 647.15km²，人工表面面积占土地面积比例从

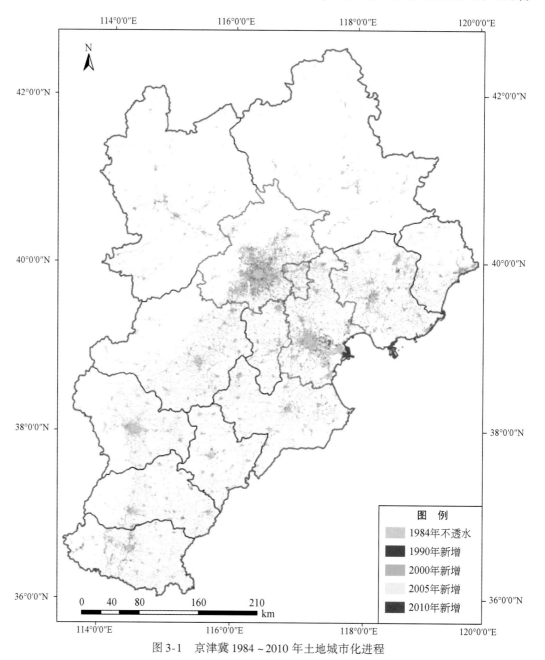

图 3-1　京津冀 1984～2010 年土地城市化进程

1984 年的 5.93% 增长至 2010 年的 10.03% (图 3-2)。其土地城市化具有如下特征：①1984～1990 年，处于城市化初期的京津冀，城市扩张速度在 30 年中最慢，人工表面面积仅增加 145.20km²，增长了 1% (图 3-3)；②1990～2000 年，我国经济蓬勃发展，国家实施了横向经济联合以促进区域合作，建立经济协作区等政策，这些政策加速了城市化的进程，期间新增人工表面面积达 4919.05km²，为上一个 10 年的近 34 倍，增长了 38% (图 3-3)；③2000～2010 年，新增人工表面面积为 3783.96km²，增幅低于 1990～2000 年，增长了 21%。这期间，我国的经济建设开始由粗放型发展转向集约型发展，强调经济结构转变，以更好地实现可持续发展；制定了耕地保护红线和生态用地保护的强制性国家政策，使得以耕地和林地为主的京津冀城市群的土地城市化进程放慢步伐。

京津冀城市群的城市主要集中在以耕地为主的东部平原地区，城市的扩张主要以耕地转变为人工表面为主 (图 3-4)：1984～1990 年，共转变 1892.51km²，年均转变面积为 315.42km²；1990～2000 年，耕地转变面积达 5244.26km²，年均转变面积为 524.43km²，为改革开放以来耕地转变最快时期；2000～2010 年，因国家出台耕地强制保护政策，年均耕地转变面积比上个 10 年大幅下降，为 311km²。其余 4 种覆盖类型 (即湿地、草地、林地和其他) 中，1990～2000 年林地转变面积较高，而 2000～2010 年，湿地转变面积较高。

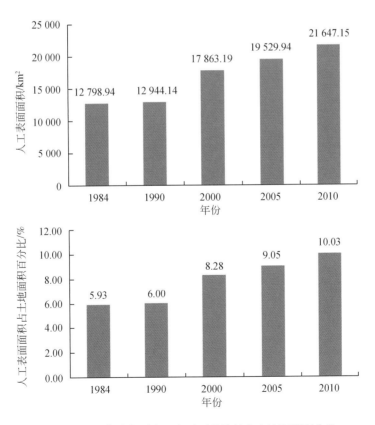

图 3-2 京津冀城市群人工表面面积及其占土地面积百分比

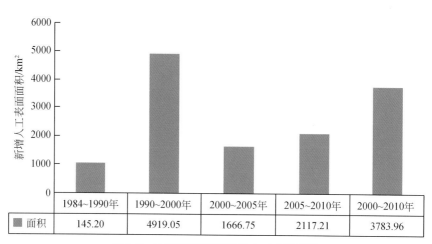

图 3-3　京津冀城市群新增人工表面面积

	1984~1990年	1990~2000年	2000~2005年	2005~2010年	2000~2010年
■ 面积	145.20	4919.05	1666.75	2117.21	3783.96

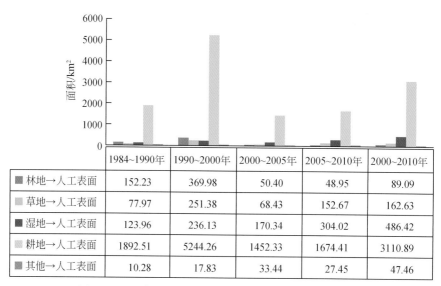

	1984~1990年	1990~2000年	2000~2005年	2005~2010年	2000~2010年
■ 林地→人工表面	152.23	369.98	50.40	48.95	89.09
■ 草地→人工表面	77.97	251.38	68.43	152.67	162.63
■ 湿地→人工表面	123.96	236.13	170.34	304.02	486.42
■ 耕地→人工表面	1892.51	5244.26	1452.33	1674.41	3110.89
■ 其他→人工表面	10.28	17.83	33.44	27.45	47.46

图 3-4　京津冀城市群各用地类型转变为人工表面的面积

　　城市群内部各城市的土地城市化水平存在较大差异，两个直辖市——北京和天津，人工表面面积增长量显著高于河北省的城市（图 3-5）。1980 ~ 2010 年，各城市的土地城市化速度总体表现为前 10 年增速较慢，中间 10 年增速较大，最后 10 年保持稳定增长，具体表现为：1984 ~ 1990 年，除北京、保定和沧州外，其余城市人工表面面积增长较慢，值得注意的是石家庄和邢台，出现小幅的减少，可能归因于人工表面增幅较小和遥感影像的分类误差；1990 ~ 2010 年，各市人工表面面积均大幅度增加，在 2000 ~ 2005 年和 2005 ~ 2010 年两个时间段的增速差异显著，表现为北京、天津和唐山 3 个城市的新增人工表面面积远高于其他城市。

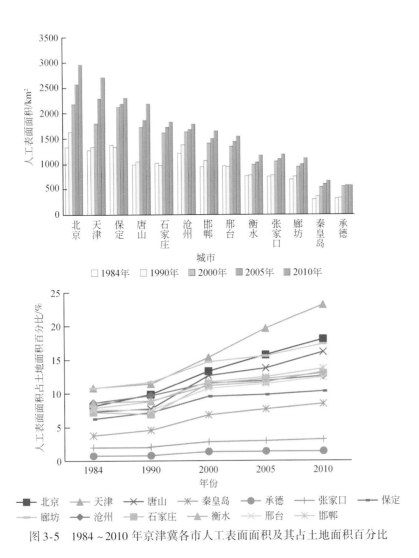

图 3-5　1984～2010 年京津冀各市人工表面面积及其占土地面积百分比

与城市群总体情况类似，1984～2010 年，京津冀各个城市的人工表面转入，均以耕地转变为主（图 3-6～图 3-9）。其中，以北京耕地转换为人工表面的进程最为显著，4 个阶段均保持在 300km² 以上的耕地转变为人工表面，尤其是 1990～2000 年，耕地转变为人工表面的面积高达近 700km²。其余 4 种覆盖类型（即湿地、草地、林地和其他）转变为人工表面的情况，则因城市和时间段不同而差异显著：其中 1990～2000 年为林地和草地转变为人工表面最多的时期，其中北京和承德林地的转变面积较大，张家口草地的转变面积最大，天津湿地转变面积最大；湿地转变面积一直以天津的变化最为明显，尤其是 1990年后，每个阶段的转变面积均在 100km² 以上。

1984～2010 年，随着各个城市建成区的扩张，差异更加明显（图 3-10）。北京和天津的建成区面积和增长速度在过去 30 年中均高于河北省的城市。1984 年，北京和天津的建成区所占比例分别为 2.98% 和 2.03%，其余城市均小于 1%，至 2010 年，北京建成区面积占土地面积比例增至 14.33%，天津则增至 14.08%，同时，河北省的各城市差异也逐渐增大，如石家庄已经达到 3. 27% ，而张家口和承德仅为 0. 3% 和 0. 32% 。

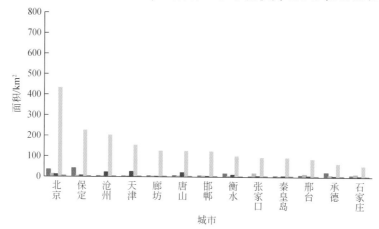

图 3-6　京津冀城市群各城市 1984～1990 年各用地类型转变为人工表面的面积

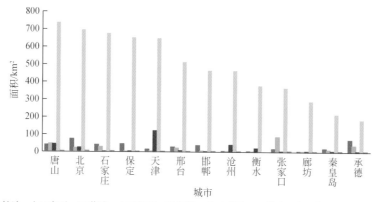

图 3-7　京津冀城市群各城市 1990～2000 年各用地类型转变为人工表面的面积

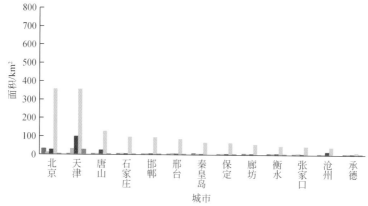

图 3-8　京津冀城市群各城市 2000～2005 年各用地类型转变为人工表面的面积

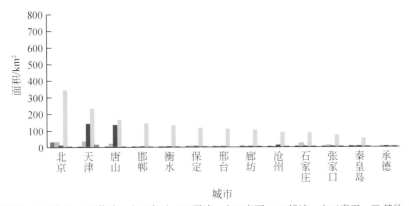

图 3-9 京津冀城市群各城市 2005～2010 年各用地类型转变为人工表面的面积

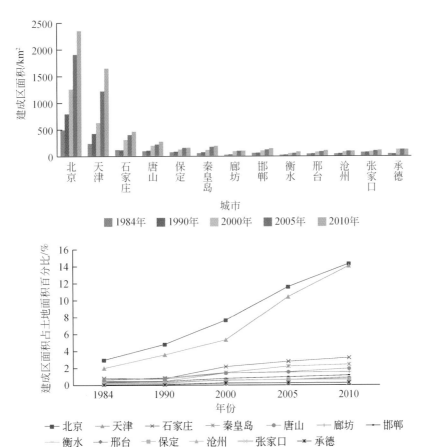

图 3-10 京津冀城市群各城市 1984～2010 年建成区面积及其占土地面积百分比

3.1.2　城市扩张的空间格局特征

城市扩张模式是土地城市化格局与演变的另一个重要方面，它更侧重反映城市化过程中城市空间形态及其变化。定量分析城市扩张的模式，主要包括两个方面：①城市扩张的幅度和速度；②城市扩张的空间形态（夏兵等，2008；Dietzel et al.，2005；Luck and Wu，2002；Zhao et al.，2015）。利用遥感影像空间信息显性的特点，通过提取和定量比较研究不同时间节点间城市建设用地空间分布及变化，能快速有效地分析城市扩张模式及其变化（吴宏安等，2005；Schneider，2012）。本节以2000年、2005年和2010年土地利用/土地覆盖分类数据为基础，通过定量分析城市空间扩张模式及变化，解析京津冀城市群城市扩张空间格局特征。

城市扩张一般遵循"扩散-合并"二分过程，即城市扩张过程通常包括3种模式：蛙跳型、边缘扩张型和内部填充型。蛙跳型是指新增建设用地斑块与原有建设用地斑块不相邻接。边缘扩张型是指新增建设用地斑块与原有建设用地斑块相邻接但不被包含（Dietzel et al.，2005；Forman，1995；Xu et al.，2007）。内部填充型则是新增建设用地斑块被原有建设用地斑块包含。3种扩张模式的识别方法如下：

$$S = L_c / P$$

式中，L_c 为新增建设用地斑块与原有建设用地斑块共有边界；P 为新增建设用地斑块周长。如果：

$$\begin{cases} S = 0 & \text{蛙跳型} \\ 0 < S < 0.5 & \text{边缘扩张型} \\ S \geqslant 0.5 & \text{内部填充型} \end{cases}$$

通过识别3种扩张模式斑块并统计这些斑块的面积、面积比例、斑块数量比例和斑块大小分布，可定量地分析城市空间扩张的演变过程。图3-11以京津冀城市群典型核心城市（北京）和小规模城市（衡水）为例，描述了2000~2005年和2005~2010年3种扩张类型斑块在这两个城市的空间分布和变化。可以看出，两个城市的3种扩张方式差异明显。

城市群区域城市扩张类型变化：京津冀城市群中，3种不同类型斑块面积结果如图3-12所示，2000~2005年和2005~2010年两个时间段中，蛙跳型斑块的面积比例呈明显增长趋势，边缘扩张型面积比例减小，而内部填充型面积比例变化稳定。斑块数量比例结果显示，3种扩张类型的变化趋势与面积比例变化趋势一致（图3-12）。

斑块大小分布的结果显示（图3-13），无论在哪个时间段，边缘扩张型面积均明显大于其他两种类型，斑块面积分布在0~45hm²，而蛙跳型和内部填充型斑块面积则分布在0~25hm²。该结果表明城市边缘的土地被利用的强度较高。比较2000~2005年和2005~2010年斑块大小分布情况，3种扩张类型面积都呈现增大趋势，表明城市扩张从小斑块增长转变为大斑块增长，土地利用幅度增大。

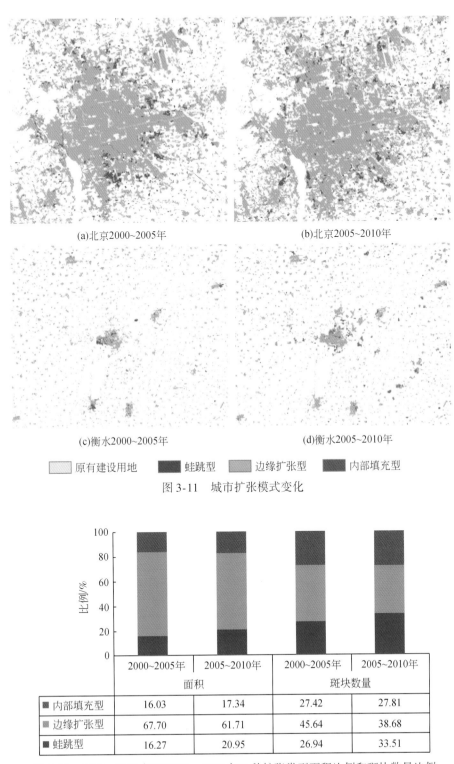

(a)北京2000~2005年　　　　　　　　　　(b)北京2005~2010年

(c)衡水2000~2005年　　　　　　　　　　(d)衡水2005~2010年

▨ 原有建设用地　　■ 蛙跳型　　▨ 边缘扩张型　　■ 内部填充型

图 3-11　城市扩张模式变化

	2000~2005年	2005~2010年	2000~2005年	2005~2010年
	面积		斑块数量	
■ 内部填充型	16.03	17.34	27.42	27.81
▨ 边缘扩张型	67.70	61.71	45.64	38.68
■ 蛙跳型	16.27	20.95	26.94	33.51

图 3-12　2000~2005 年和 2005~2010 年 3 种扩张类型面积比例和斑块数量比例

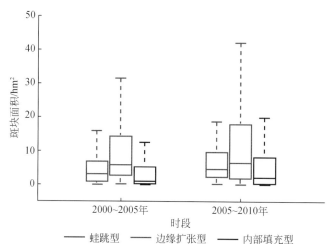

图 3-13　2000～2005 年和 2005～2010 年 3 种扩张类型斑块大小分布

城市群内部城市扩张类型变化：2000～2005 年和 2000～2010 年，城市扩张模式呈现明显的地域差异［图 3-14（a）］。首先，城市扩张幅度上，北京和天津较为相似，而河北省的城市较为相似。主要表现是北京和天津新增建设用地面积显著高于河北省城市新增建设用地面积。同时北京和天津 2000～2005 年新增建设用地面积较 2005～2010 年高。而河北省城市扩张则普遍表现为在 2005～2010 年，新增建设用地面积比 2000～2005 年高。

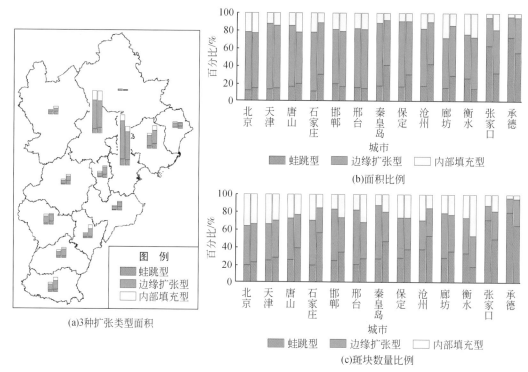

图 3-14　3 种扩张类型面积、面积比例和斑块数量比例

注：图中第一和第二个柱状分别表示 2000～2005 年和 2005～2010 年的结果。

城市扩张方式上，张家口和承德以蛙跳型扩张为主，其余城市以边缘扩张型为主。面积比例变化上，大规模城市，如北京、天津和唐山，蛙跳型和内部填充型面积比例增加，边缘扩张型面积比例减小。而小规模城市，如衡水、张家口和承德，蛙跳型面积比例减小，内部填充型和边缘扩张型斑块面积比例增加。斑块数量比例和变化与面积比例和变化相似，即在北京和天津等核心城市，3 种扩张类型的斑块数量比例接近，并且变化稳定。其余河北省城市中，大规模城市蛙跳型斑块数量比例增加且边缘扩张型斑块数量比例减小，小规模城市（如衡水、张家口和承德）蛙跳型斑块数量比例减小的同时，内部填充型斑块比例增加。

斑块大小分布的箱盒图结果显示，2000～2005 年，大部分城市边缘扩张型斑块面积都远大于其他两种类型斑块面积，而这些城市包括重点城市（北京、天津和唐山）及分布在重点城市周围的部分城市（保定、沧州、廊坊、石家庄和承德）。同时，这些城市蛙跳型斑块面积基本大于内部填充型。其他远离核心的城市，如邯郸、邢台、衡水和秦皇岛，表现为 3 种斑块类型大小基本相似。2005～2010 年，城市扩张的 3 种类型斑块面积趋于相似，均表现为边缘扩张型斑块面积远大于其他两种类型面积。变化上，城市扩张的 3 种模式斑块面积均呈增大趋势。

京津冀城市扩张合并-扩散过程：通过研究不同规模城市的扩张模式，可以空间代替时间的方式，反映城市发展过程中城市扩张的规律。综合城市群多个城市 2000～2010 年 3 种扩张模式的变化结果，可以发现，京津冀城市群的城市扩张符合"扩散-合并"二分过程。城市发展的早期，城市扩张以分散过程为主，小面积蛙跳型斑块占主导地位。例如，规模较小的城市张家口和承德，2000～2005 年和 2005～2010 年，蛙跳型面积比例高，斑块数量大。随着城市的不断发展，城市主要斑块增长的同时，蛙跳型斑块也逐渐增大。两者持续增长并相遇，合并成更大面积的边缘扩张型斑块。这一过程中，新的蛙跳型斑块同时出现，尽管数量不少，但面积比例不占主导地位。综合图 3-14（b）、（c）的结果，可以发现，京津冀城市群中，大部分城市，如邯郸、邢台和衡水正处于这一过程。当城市规模持续扩大，则内部填充型斑块面积比例逐渐增加，而边缘扩张型面积比例逐渐减小。例如，城市群中的北京和天津，2000～2005 年和 2005～2010 年中，3 种类型斑块数量比例变化稳定，内部填充型面积比例呈增长趋势，而边缘扩张型面积比例呈下降趋势。

相同区域城市扩张的模式趋于相似：通过比较城市群中不同规模城市 3 种扩张类型面积、面积比例和斑块数量比例的变化，可以发现，城市群内城市扩张模式趋于相似。虽然北京和天津的新增建设用地面积显著高于其他城市，但是河北省其他城市新增建设用地增长幅度虽因规模不同存在差异，但差距不大，并且后 5 年增幅基本大于前 5 年。这表明河北省城市扩张具有一定的一致性，城市发展速度相对一致［图 3-14（a）］。

空间扩张方式上，2000～2005 年距离核心城市较近的城市（如唐山、保定、沧州和廊坊等），边缘扩张型斑块面积远大于其他类型斑块面积［图 3-15（a）］。而远离核心的城市（如邯郸、邢台、衡水和秦皇岛），3 种扩张模式斑块大小相当。2005～2010 年，城市群中所有城市边缘扩张型斑块面积均远大于其他两种扩张类型［图 3-15（b）］。同时，核心城市内部填充型斑块面积大于蛙跳型斑块面积，距离核心城市较近的城市蛙跳型斑块面积大于内部填充型斑块面积，而远离核心的城市与核心城市相似，内部填充型斑块面积大于蛙跳型斑块面积。该结果表明，京津冀城市群中城市扩张基本以大面积的边缘扩张型为主，城市空间扩张处于快速发展阶段。扩张模式具有一定的地域相似性，并且空间形态上随着城市群的发展趋于相似。城市群的发展将可能改变城市发展的速度，进而改变城市空间扩张模式。

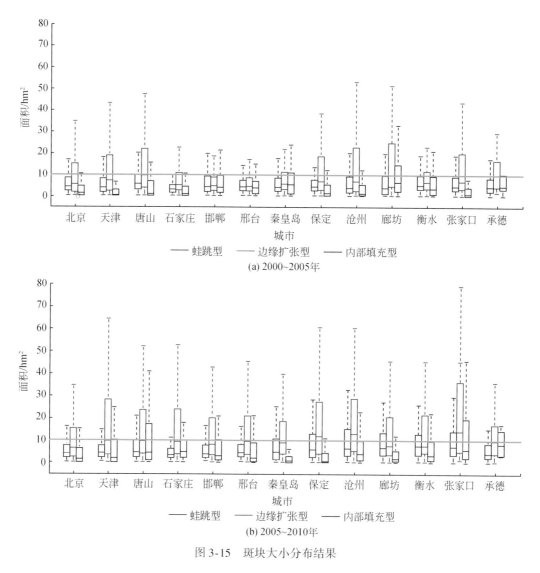

图 3-15　斑块大小分布结果

3.2　人口城市化格局与演变

城市化不仅改变了地表的物理特征，同时也改变了人口数量的空间分布特征。因此，人口城市化亦是表征城市化的重要方面。人口城市化是指城市化过程中，人口向城市区域转移或者农业人口转变为非农业人口的过程。人口城市化率是定量分析人口城市化的常用指标。我国人口统计存在口径上的差别，人口城市化率通常包括常住人口城市化率和户籍人口城市化率两种。其中，常住人口城市化率是指研究区内，城镇常住人口占总人口的百分比，而户籍人口城市化率是指研究区域中，非农业户籍人口占总人口的百分比。因本研究的时间跨度较长，而我国 20 世纪 80 年代和 90 年代的人口统计仅有户籍人口这一统计指标。因此，为了使衡量人口城市化的指标具有可比性，在此以户籍人口为基准，通过户籍人口城市化率解析京津冀城市群的人口城市化特征。但我国当前实际人口分布情况已发生较大转变，即我国流动人口近几年不断增加，户籍人口已不能反映实际的人口分布情况，部分城市的统计年鉴 2008 年后已不再统计非农业户籍人口。因此，这里所用的城市群尺度统计数据仅到 2008 年为止，而城市尺度则根据实际已有数据分析。

2008 年，京津冀总人口为 9336 万人，户籍人口城市化率为 40%。在过去近 30 年中，京津冀城市群的人口城市化速率呈现不断上升的趋势（图 3-16）。2000 年以来人口城市化进入快速发展阶段，2000～2008 年人口城市化率增加了 10%，是 2000 年之前人口城市化速率 20 年的增加量之和。

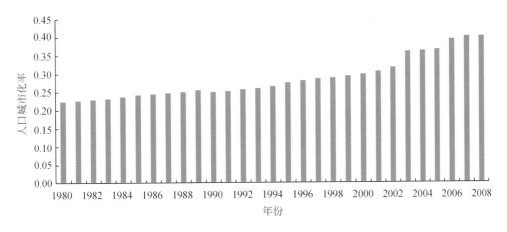

图 3-16 京津冀城市群人口城市化率

京津冀城市群各城市的人口城市化率存在显著差异，其中以北京和天津的人口城市化率最高，均达到 50% 以上，其中北京 2010 年更是达到 78.67%，为全区域最高（图 3-17）。过去 10 年间，除衡水外，京津冀城市群各城市的人口城市化率都处于增长状态。其中，北京增速最快，由 2000 年的 68.68% 增加到 2010 年的 78.67%。天津次之，但其在 2000 年时人口城市化率也超过了 50%。其他如承德、廊坊、保定、沧州、邢台、邯郸等地区均从 2000 年的 17% 左右上升到 2010 年的 32%，秦皇岛和石家庄从 2000 年的 25% 左右上升到 2010 年的 45% 左右，速度相对较快；而唐山、张家口虽然在 2000 年的人口城市化率已经达到 25% 的水平，但在 2010 年，唐山人口城市化率只有 34%，比其他地区的增长速度相对缓慢。其中，承德、石家庄、衡水、邢台、邯郸2010年无数据。然而与其他地区不同，衡水的城市化人口比例在逐年下降，从2000年的17.3%下降到2005年的17%。

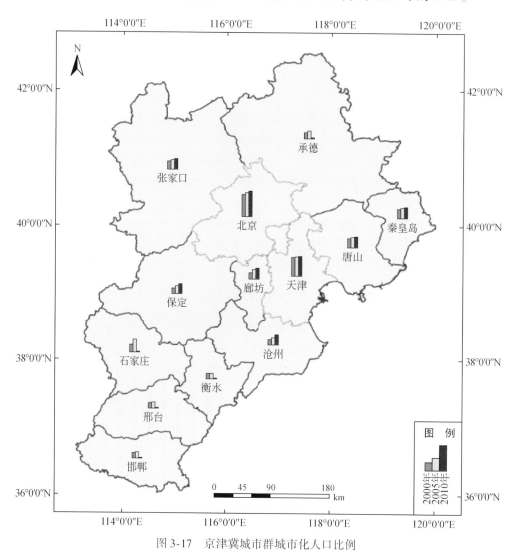

图3-17 京津冀城市群城市化人口比例

3.3 经济城市化格局与演变

城市化作为我国经济发展的引擎，对经济发展、产业升级和转型起到重要的推动作用。特别是随着城市化的进一步发展，城市居民对服务性行业（即第三产业）的需求不断提高。因此，经济城市化不仅包含GDP和人均GDP的提高，还包括第三产业总产值比重的提高。本节首先定量分析了1980～2010年京津冀城市群及内部城市GDP和人均GDP的变化，然后比较了各城市第三产业GDP比重变化及其在空间上的分布。通过以上分析定量解析京津冀城市群经济城市化格局与演变。

京津冀城市群的地区生产总值从改革开放以后呈现出快速增长的趋势，尤其是 2000 年以后，更是以 "J" 形曲线的趋势增长。到 2010 年整个京津冀城市群的地区生产总值已经突破 43 954 亿元（图 3-18）。同时，京津冀城市群 1980 年人均 GDP 为 474 元，到 2010 年增长到 43 954 元，体现出京津冀地区人民生活水平的快速提高（图 3-19）。

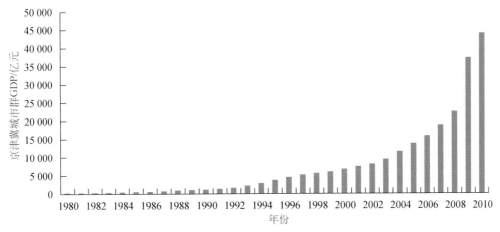

图 3-18　京津冀城市群 GDP

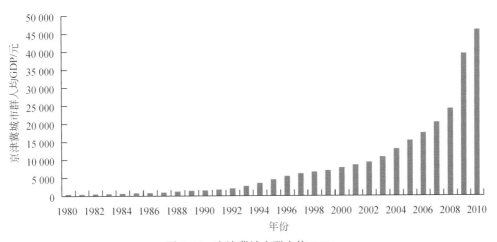

图 3-19　京津冀城市群人均 GDP

北京作为京津冀城市群的发展核心，GDP 由 2000 年的 2478 亿元增至 2010 年的 14 113 亿元，增加了 5 倍，是整个京津冀城市群经济增长最快的城市。天津 GDP 在 2000~2010 年的 10 年间也增长了 463%，GDP 增长速率远远高于河北省的其他城市（图 3-20）。

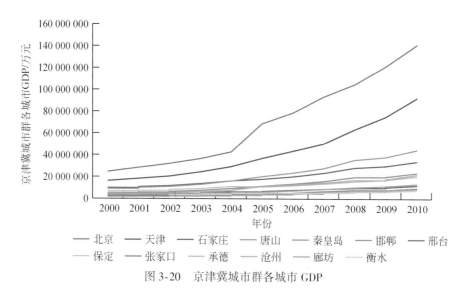

图 3-20 京津冀城市群各城市 GDP

北京、天津和唐山 3 个重点城市的人均 GDP 远远高于其他城市，而且呈现出较快的增长趋势，体现出北京、天津和唐山 3 个城市在京津冀城市群中的经济发展水平 (图 3-21)。

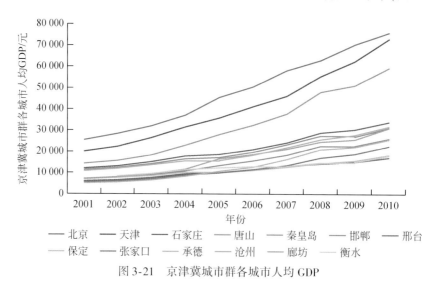

图 3-21 京津冀城市群各城市人均 GDP

在 GDP 和人均 GDP 快速增长的同时，经济城市化还表现为产业结构的调整，尤其是第三产业比重的增加较为显著（图 3-22）。在京津冀城市群中，北京 2000 ~ 2010 年第三产业占比逐年增加。这与西方经济学家认为的北京的城市化已经进入了稳定发展阶段，以后的城市化将主要依靠第三产业带动的设想相符合。同时，北京的人均 GDP 明显高于其他城市，说明北京地区人民生活水平相对较高，对服务、餐饮等第三产业的发展需求较大，因此是自身较高的人均 GDP 拉动了第三产业的发展，较高的发展水平又进一步促进了该地区第三产业的发展。北京的周边城市，如天津、唐山、承德、张家口和保定等，都呈现

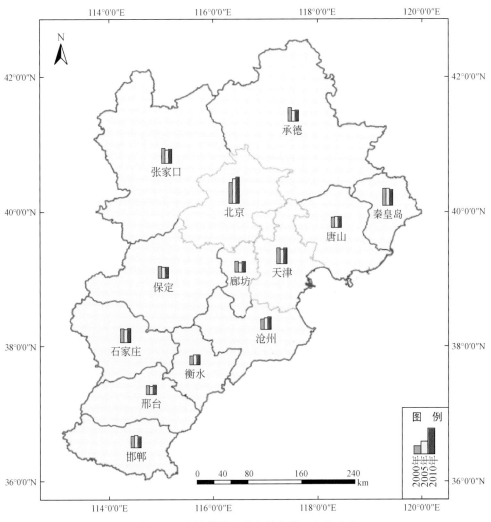

图 3-22　京津冀城市群各城市第三产业比重

出第三产业所占比重逐渐下降，而石家庄、衡水和邢台这样非紧邻的城市第三产业比重上升的趋势。这与孙自铎所认为的大城市周围的城市第三产业发展相对较为困难的想法一致。通过对唐山和张家口的经济结构进行分析，发现这些城市的第二产业在国民生产中所占的比重是呈连年增加的，可能与北京吸纳了周边城市大量的劳动力和资源，进而限制了周边城市第三产业的发展有关。同时，由于工业污染的存在，北京限制了本市工业和制造业的发展，而考虑到北京先进的科学技术和市场，北京周边的天津、唐山就成为工业和制造业发展的沃土。

3.4　城市化进程综合评估与影响因素分析

土地、人口和经济城市化是表征城市化格局及其演变的 3 个重要方面，它们彼此之间相互联系、相辅相成。深入探讨城市化不同侧面的关联性，将有助于进一步揭示城市化过程中人口和经济的集聚，产业结构的调整，生活生产方式的转变，进而为城市的可持续发展提供科学的理论依据。本节通过对京津冀城市群各城市的城市化水平进行综合评估，以期反映单个城市在城市化过程中，土地、人口和经济发展的均衡性，并揭示城市群内部城市发展的相似性和差异性。

城市发展的驱动力分析及城市发展对驱动因素的响应亦是城市化研究的重要方面。开展这方面的研究有助于了解、认识和探究城市变化的原因和机制，并为城市规划与管理提供科学依据。土地城市化方面，主要利用逻辑斯谛回归方法，重点从自然条件（如高程和坡度）、社会经济（到省道、国道和高速等的距离）和邻域（周边范围城市化强度）3 方面，探索京津冀城市群城市扩张的驱动力。同时，本节还对城市化过程中城市空间布局及变化对国家政策和经济增长模式的响应展开进一步分析，探讨宏观层面上的驱动因素。人口城市化与经济城市化方面，则通过两者关系的定量描述，探讨人口与经济发展的协调性。

3.4.1 城市化强度综合评价

单独利用土地、人口和经济城市化的指标，可以较好地从某个特定的方面说明城市化特征，但缺乏对城市化整体特征的综合描述。因此，本小节进一步综合土地、人口和经济城市化指标，构建玫瑰图，并对玫瑰图中不同结构特征的城市进行分类归并，综合分析京津冀城市群城市化的整体特征。研究发现京津冀城市群的城市可以分为两大类。

第一类是北京、天津和唐山（图 3-23）。北京和天津城市化强度高于其余各市，土地、人口和经济城市化发展极为不平衡。其中北京经济城市化与人口城市化高于土地城市

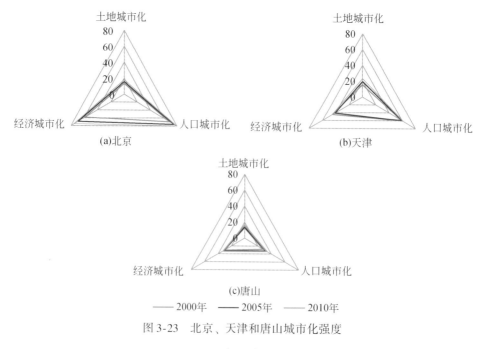

图 3-23　北京、天津和唐山城市化强度

化，特别是经济城市化，增长速度较快。天津则略有不同，其人口城市化远高于土地和经济城市化，但土地城市化增速较快。与北京和天津相比，唐山土地、经济和人口城市化的发展较为平衡。

第二类是 3 个重点城市以外的其他城市（图 3-24），总体表现为土地城市化水平低，经济城市化略高于人口城市化，说明这些城市的发展也处于一个较不平衡的状态。从发展速度而言，10 年间土地城市化发展最为缓慢，而人口城市化在 2000～2005 年有一个跳跃式发展，2005～2010 年的发展趋于平稳。

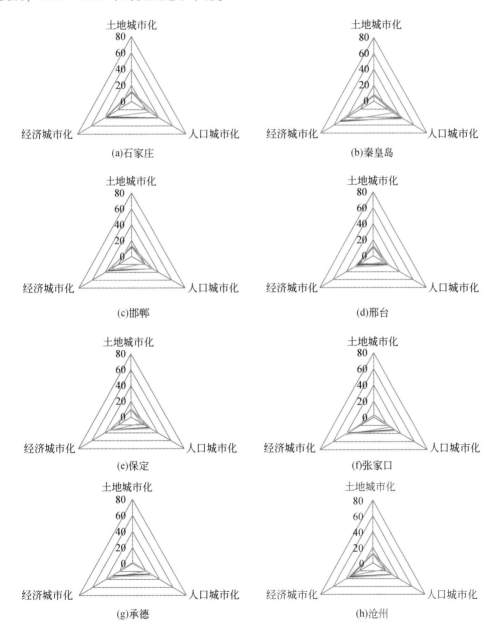

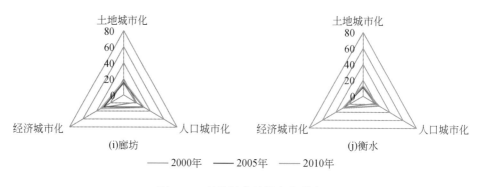

图 3-24　其他城市的城市化强度

综合利用土地、经济和人口城市化指标，通过等权重构建城市化强度综合指标（图 3-25），可以发现：2000～2010 年，京津冀城市群的城市化强度逐年增加，但其内部各城市表现为两个直辖市——北京和天津的增速显著高于河北省的各个城市，唐山作为京津冀城市群的重点城市，城市化强度也在不断上升，但是 2005 年以后，城市化强度却低于石家庄、秦皇岛、廊坊 3 个非重点城市；城市化强度最低的城市是承德，这和承德以生态旅游业为主的城市发展定位有关。

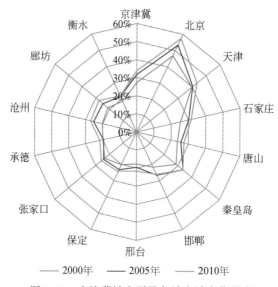

图 3-25　京津冀城市群及各城市城市化强度

3.4.2　土地城市化的驱动分析

城市扩张的驱动力分析一直是研究的热点和重点。但是大量的研究主要关注单个城市，或是对多个城市进行对比（李伟峰等，2005；Li et al.，2013；Zhao et al.，2015），很少有研究在城市群的背景下，分析多个城市土地城市化的驱动因子。根据遥相关和中心地理论，一个城市是城市群地理和经济的组成单元。它的城市化过程受到周边城市，特别是区域中心城市的较强影响。因此，从城市群的角度来定量分析城市扩张的驱动力可能更加合适。本小节以京津冀为例，定量分析城市建设用地扩张的驱动力，试图回答以下两个科学问题：①京津冀土地城市化的主要驱动力是什么？②这些驱动因素的相对重要性是否随时间变化？

土地城市化驱动因素的选取：通过对已有相关研究进行综述发现，大多研究主要从自然、社会经济、邻域和政策 4 类要素对建设用地扩张驱动力进行分析。其中，自然环境是城市群发展的基础决定因素，对城市群的空间分布有重要的影响。降水和地形决定了一个城市的饮水、种植、交通和居住等需求状况。例如，平原区建造房屋的花费要远低于山区。社会经济发展状况也是影响城市发展的重要因素。研究显示，人口和 GDP 等因素对城市的扩张有积极的作用，同时还受到城市中心和道路的距离及可达性的影响。除此之外，周围环境的影响也不能忽视。很多研究显示，如果某地周围的城市化程度较高，那么该位置被城市化的可能性就会相对较高。不同的城市发展政策对城市发展的影响存在差异，许多专家对土地规划、城市发展规划经过和产权等问题进行了大量研究。根据京津冀城市群的实际条件和数据可获取性，选取了自然、社会经济和邻域 3 类影响因素的 11 个变量对京津冀建设用地的扩张进行分析，各变量见表 3-1。

表 3-1　选取的城市扩张的驱动因素列表

类别	含义
自然	高程
	坡度
社会经济	到省道的距离
	到国道的距离
	到高速公路的距离
	到铁路的距离
	到火车站的距离
	到县城的距离
	到河北地级市的距离
	到直辖市的距离
邻域	周边范围内的城市化程度

土地城市化主要驱动因素的影响分析：采用逻辑斯蒂回归的方法，对 1984～1990 年、1990～2000 年和 2000～2010 年的京津冀建设用的扩张进行分析，得到各变量对京津冀建设用地扩张的标准回归系数（表 3-2）。进而采用方差分解的方法比较各变量之间的相对大小，辨识各时间段内建设用地扩张的主要驱动因素。结果显示：自然、社会经济和邻域对建设用地扩张均有显著影响。其中，自然因素对建设用地扩张主要表现出显著负影响，即高程越高（1990～2000 年例外），坡度越陡的地方，建设用地扩张的可能性越小。社会

经济的影响，不同因素有所不同，其中：①1990～2000 年和 2000～2010 年，到省道、国道、高速公路和铁路的距离均对城市扩张表现为显著负影响，到火车站的距离仅在 1984～1990 年表现出显著的负影响。该结果表明，离交通线路越近的区域，其土地被转化为建设用地的可能性越高。②1984～2010 年到河北县城的距离表现出显著的负影响，而到河北省地级市的距离具有正影响，表明在过去近 30 年里，河北地级市周边区域和距离县城较远区域的建设用地扩张较快。到直辖市的距离在 1984～1990 年和 2000～2010 年两个时间段中均表现为显著负影响，而在 1990～2000 年却表现为显著正影响。表明北京和天津两个大城市的辐射效应对其周边区域的建设用地扩张具有积极的促进作用。邻域影响方面，邻域周边建设用地比例对城市扩张一直表现为显著正影响，表明周围已有建设用地越多和距离建设用地越近，土地被城市化的概率就越高。

表 3-2　逻辑斯蒂回归的结果

类别	变量	1984～1990 年		1990～2000 年		2000～2010 年	
		B	Sig.	B	Sig.	B	Sig.
自然	高程	−0.19	0.005	−0.04	0.42	−0.24	0.00
	坡度	−0.74	0.000	−0.67	0.00	−0.75	0.00
社会经济	省道	−0.03	0.674	−0.27	0.00	−0.56	0.00
	国道	−0.01	0.769	−0.12	0.00	−0.19	0.00
	高速公路	—	—	−0.09	0.00	−0.52	0.00
	铁路	−0.17	0.182	−0.54	0.00	−0.52	0.00
	火车站	−0.27	0.029	0.11	0.18	0.20	0.03
	县城	−0.42	0.000	−0.31	0.00	−0.49	0.00
	河北地级市	0.31	0.000	0.11	0.00	0.26	0.00
	直辖市	−0.13	0.002	0.10	0.00	−0.18	0.00
邻域	邻域	2.85	0.000	1.50	0.00	0.25	0.00
	常量	0.66	0.000	0.13	0.00	−0.40	0.00

注：B 为相关系数；Sig. 为显著性水平。

驱动因素的相对重要性的时间变化分析：通过对比分析 1984～1990 年、1990～2000 年和 2000～2010 年 3 个时间段各驱动因子对京津冀建设用地扩张的影响，分析各因素的相对重要性的变化情况（图3-26）。结果显示：随着城市化的发展，自然和社会经济的独立影响都在增加，而邻域的独立影响却在下降。1984～2000 年邻域对城市扩张的影响最大；从 2000 年起，社会经济因素超过自然和邻域因素，成为影响城市扩张的决定性因素。

3.4.3　城市空间布局变化及其对国家政策和经济增长模式的响应

城市群已经成为全球和区域经济增长的"新引擎"（Florida et al.，2008）。这种新的城市组织形式，是指在特定的地域范围内，通过城市空间扩张、延伸和集聚方式，将特大城

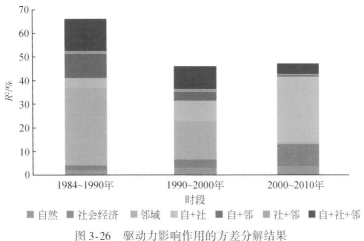

图 3-26 驱动力影响作用的方差分解结果

市及其周边都市圈连接起来，形成的空间紧凑、经济上联系紧密的、高度一体化的城市群体。2014 年，中央人民政府提出的中国新型城镇化战略，明确指出要以城市群为主体形态推动中国未来的城镇化。在未来 30 年，我国拟建成由 23 个城市群组成的城镇化体系（方创林等，2010）。我国城市化已从单一城市的发展转变为以城市群这种区域空间组织形式为主的发展。因此，以城市群为对象，研究城市群发展过程、模式及驱动因素将有助于理解新型城镇化发展政策对我国城市发展格局的影响。

京津冀城市群是我国目前发展相对成熟的城市群，也是我国最具活力和对外开放程度最高的城市群之一。剖析京津冀城市群城市空间布局的变化不仅能反映城市群发展形成过程的规律，还能为正在发展和正处于萌芽阶段的城市群提供借鉴。由于城市群是由不同等级、规模和功能的城市组成。因此，本小节从区域和城市两个尺度，通过定量描述城市群建设用地扩张的时空特征，探索京津冀城市群城市空间布局的变化。

城市群城市扩张时空特征：近 30 年来，京津冀城市群建设用地面积呈现持续增长态势（图 3-27）。建设用地从 1984 年的 1.19 万 km^2 增长至 2010 年的 2.16 万 km^2，相应的建设用地占土地面积的百分比从 5.51% 增长至 10.03%。不同时期，新增建设用地面积存在差异，先后经历了先增后减的过程 [图 3-27（b）]。1984 ~ 1990 年新增建设用地面积较小，仅为 1059km^2。1990 ~ 2000 年，建设用地增幅最高，为 4916km^2。2000 ~ 2010 年，新增建设用地增幅有所下降，为 3777km^2。年均增长速度分别为 1.49%、3.80% 和 2.12%，也先后经历了先增后减的过程。

空间分布上，京津冀城市布局始终保持双中心的格局，建设用地的扩张主要集中于北京和天津两个城市，其余城市建设用地面积增长幅度相对较小（图 3-28）。1984 年，京津冀城市群中，北京和天津城市建设用地规模大于其他城市，但差距不大。经过近 30 年的发展，北京和天津两市城市建设用地规模明显大于其他城市，城市之间的扩张差异逐渐增大。

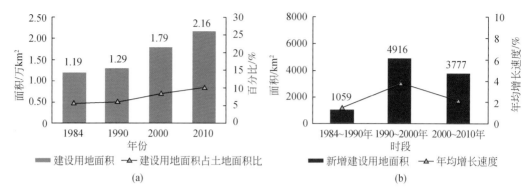

图 3-27　1984～2010 年建设用地面积及变化

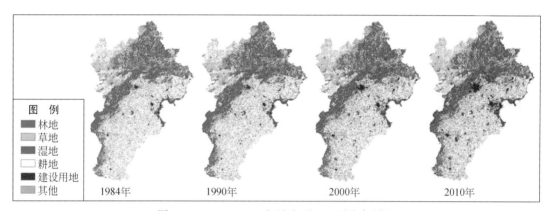

图 3-28　1984～2010 年城市群土地覆盖专题图

城市群内部城市建设用地增长幅度和速度：城市群由规模大小不同的城市有机结合而成，因此，除了分析城市群总体情况外，还需从城市这一尺度探讨城市群空间布局的变化。根据《中国中小城市发展报告（2010）：中国中小城市绿色发展之路》城市规模划分标准，将京津冀城市群内各城市按照规模划分见表 3-3。

表 3-3　城市规模划分

市区常住人口/万人	京津冀城市群
巨大型城市（≥1000）	北京、天津
特大城市（300～1000）	唐山
大城市（100～300）	石家庄、秦皇岛、邯郸、保定、张家口
中等城市（50～100）	邢台、承德、沧州、廊坊、衡水
小城市（<50）	

通过分析内部城市新增建设用地面积及年均增长速度，发现不同规模的城市对土地的利用强度存在差异，并且随时间发生变化。总体上，大规模城市消耗大量土地，而小规模

城市则消耗少量土地（图 3-29），大规模城市建设用地增加的幅度和速度远大于小规模城市。3 个发展时期中，除北京和天津外，1990～2000 年城市建设用地增幅大于其他时间段建设用地的增幅。增幅较大的城市包括唐山、石家庄和保定等大城市。2000～2010 年，城市扩张主要集中于北京和天津两个巨大型城市，其余城市建设用地虽有扩增，但幅度和速度远低于北京和天津。

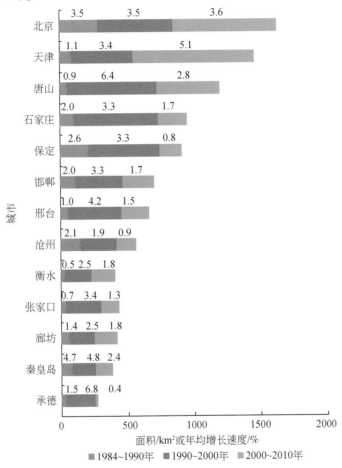

图 3-29　城市群内部城市新增建设用地面积和年均增长速度

进一步定量地分析城市原有建设用地面积和新增建设用地面积的关系，来研究城市群中不同规模城市的扩张差异及其在城市发展过程中的变化。首先，1984～1990 年、1990～2000 年和 2000～2010 年 3 个时间段内，城市原有建设用地面积与新增建设用地面积呈线性关系，表明近 30 年来，不同规模城市之间始终存在差异。城市原有规模越大，其建设用地扩张越大，而小规模城市建设用地扩张小。其次，线性关系斜率分别为 0.15、0.27和 0.31，增大趋势表明，大规模与小规模城市扩张差异逐渐增大（图 3-30）。

城市群城市扩张均衡性分析：进一步采用 Theil 系数分析京津冀城市群内城市扩张的均衡性。Theil 系数常用于衡量一定研究范围内经济发展和收入分配等的均衡状况，在经济学中已得到广泛的应用。Theil 系数作为衡量区域差异的重要指标，不仅能够定量地分

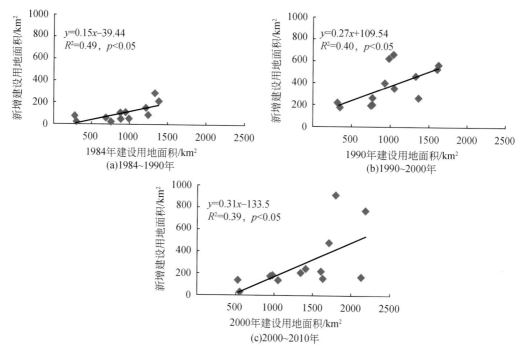

图 3-30 3 个时段内部城市原有建设用地面积与新增建设用地面积的关系

析组成研究区域的每个分析单元之间分析要素的均衡状况，还能够将分析单元按照一定的标准分组，定量地将区域总体差异分解为组内和组间等多级差异，便于考察各等级差异在总差异中的重要性。京津冀城市群由不同等级和规模的城市组成，因此利用 Theil 系数一阶嵌套分解方法，分析不同规模城市和相同规模城市间城市扩张的均衡状况。首先，根据表 3-3 对城市规模划分的标准，将京津冀城市群内各城市规模划分为 5 组：巨大型城市、特大城市、大城市、中等城市和小城市（表 3-3）。区域内总的 Theil 系数计算公式为

$$T_{\text{total}} = T_{\text{between}} + T_{\text{within}} \tag{3-1}$$

式中，T_{total} 为区域内总体差异；T_{between} 为组间差异；T_{within} 为组内差异。

进一步将式（3-1）展开得到式（3-2）和式（3-3）：

$$T_{\text{between}} = \sum_{i=1}^{n} y_i \log \frac{y_i}{p_i} \tag{3-2}$$

$$T_{\text{within}} = \sum_{i=1}^{n} y_i \left(\sum_{j=1}^{i} y_{ij} \log \frac{y_{ij}}{p_{ij}} \right) \tag{3-3}$$

在式（3-2）中，n 为区域内分组个数；y_i 为第 i 组建设用地面积占整个区域内建设用地面积比；p_i 为第 i 组土地面积占整个区域土地面积的比例。在式（3-3）中，y_{ij} 为在第 i 组中，第 j 个城市建设用地面积占第 i 组建设用地面积比；p_{ij} 为第 j 个城市土地面积占第 i 组城市土地面积比。Theil 系数越小，表明区域内城市间扩张越趋向于均衡。组间差异 T_{between} 反映不同规模城市之间的均衡性，而组内差异 T_{within} 则反映相同规模城市间的发展均衡性。分析结果见表 3-4。区域总差异上，T_{total} 从 1984 年的 0.278 增大至 2010 年的 0.287，

增长幅度小，表明城市群内各城市建设用地扩张差异略有增大。$T_{between}$ 与 T_{total} 变化趋势相似，从 0.201 增长至 0.217，表明不同规模城市间城市扩张差异略有增大。而 T_{within} 则从 0.078 减小至 0.069，表明相同规模城市扩张差异减小，趋于均衡。结果还显示，1984~2000 年，T_{total}、$T_{between}$ 和 T_{within} 数值变化很小，表明 1984~2000 年，城市扩张差异变化较为稳定。

表 3-4　1980~2010 年不同规模城市间 Theil 系数结果

年份	京津冀		
	区域总差异	组间差异	组内差异
1984	0.278	0.201	0.078
1990	0.279	0.202	0.078
2000	0.272	0.202	0.070
2010	0.287	0.217	0.069

城市群城市空间布局变化对政策的响应：城市化受多种复杂的因素影响，如地理位置、政策（人口、土地和经济等）和文化等，其中国家宏观调控政策和区域发展政策是我国城市化的重要影响因素（Bai，2008）。改革开放以来，中央人民政府每五年制定的国民经济和社会发展规划中，对城市建设均提出明确的发展目标，并根据不同阶段的发展状况与需求对发展目标进行调整（图 3-31）。综合京津冀城市群区域及城市两个尺度上的结果，城市群的发展对政策的响应与政策本身的设计初衷并不完全一致（方创林，2012；顾朝林，2011）。例如，"七五"和"八五"计划期间（中华人民共和国国务院，1986；陈锦华，1996），中央人民政府提出"控制大城市规模，合理发展中等城市，积极发展小城市"的发展政策。这一政策在鼓励中小城市发展的同时也试图约束大城市规模。但从城市群建设用地的时空变化特征来看，北京等大城市的规模不断扩大，而小城市，如沧州，其规模并未有明显变化。再如，"九五"和"十五"计划期间（国家计划委员会，1996；中华人民共和国国务院，2001），中央人民政府指出要构建城市规模适度、布局和结构合理的城镇体系。同时，大城市要发挥带动作用，引导人口密集区有序发展。然而该期间，京津冀城市群城市间的差异不但没有减小，反而略有增大，表明大城市的带动作用有待提高。国家宏观政策中，除了对城市发展提出发展要求外，对区域经济发展的促进也是城市群形成与发展的重要影响因素。1981 年国家制定的"六五"计划，实行扶持城市间经济协作的政策。紧随其后的"七五"和"八五"计划，主旨为建立多层次、多领域和多形式的横向联合协作，发展各具特色、分工合理的经济协作区政策，启动了我国城市群建设的按钮。此外，针对不同特点的城市群，一系列相应的扶持政策相继被提出。针对京津冀城市群，国务院于 2006 年通过了《国务院关于推进天津滨海新区开发有关问题的意见》（国发〔2006〕30 号），2009 年则通过了《国务院关于同意支持中关村科技园区建设国家自主创新示范区的批复》。这些有针对性的扶持政策，为京津冀核心城市北京和天津的快速扩张奠定了基础。

经济增长模式对城市群城市空间布局的影响：经济发展无疑是推动城市化的关键因素。过去，京津冀城市群经济结构主要以第二产业为主。丰富的矿产（如煤炭、铁矿石）

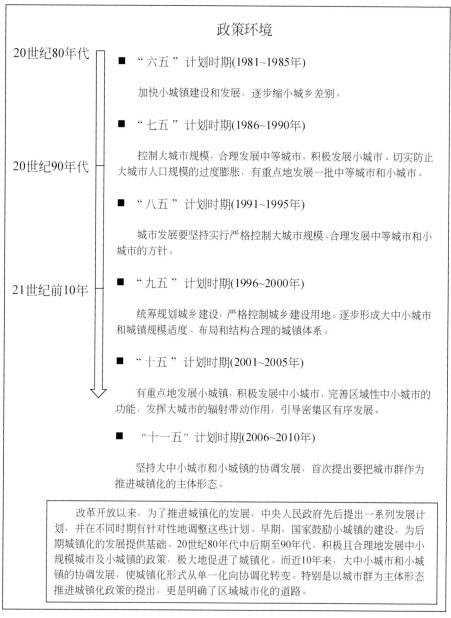

图 3-31　1981～2010 年国民经济和社会发展五年规划

和石化资源使该地区成为以钢铁和石油化工等重工业为支柱产业的重工业集聚区。而这些产业往往以国有企业为主要形式存在，京津冀城市群因此形成集聚的城市发展格局。首先，发展这些重工业需要占用大量的土地资源。此外，国有企业通过资源的集中化利用，达到规模经济的效益最大化。因此，大规模发展小城镇在京津冀地区难以实现，只能形成集中式扩张的城市发展格局。其次，由于京津冀城市群规模经济长期处于强集中状态，物质资源和人力资源都向核心城市（如北京和天津）过度集中，中小城市发展缓慢。加之，核心城市与其他城市联系松散，城市间经济合作受限，阻碍了区域经济协调发展。目前，京津冀一体化协同发展规划中，首先要明确城市功能定位。对于北京和天津，发展高端服务业将是这两个核心城市的主要方向。而河北省其他城市因特有的地理环境和资源禀赋，也将具有相应的功能定位。例如，张家口和承德，因其位于京津冀城市群生态涵养区，并且两地承担京津水源供应的重任。因此，地区资源开发和产业发展将更多地侧重生态服务方面，城市规模变化也将相对稳定。其他城市，如邯郸和邢台等，仍是能源原材料工业为主的发展区域，城市扩张仍将比较集中。综合城市经济发展定位，京津冀城市群未来的城市布局仍保持集中式发展的双中心的格局。

3.4.4　人口城市化与经济城市化的关系

城市化的推进能扩大城市生活生产的需要，进一步吸纳农村剩余劳动人口并促进产业结构的调整。本小节首先通过三次产业比重的变化，分析京津冀城市群经济结构的转变。在此基础上，重点结合人口城市化率、第三产业就业比重和人均 GDP，分析人口城市化与经济城市化的关联，进一步探究城市群的人口与经济是否协调发展。

京津冀城市群的人口城市化速率与城市群第三产业比重有相近的趋势，间接地表明京津冀城市群进入了以第三产业发展为驱动的城市化的快速发展阶段（图 3-32）。同时，从第二产业在国民经济中所占比重的变化趋势也可以看出整个京津冀城市群第二产业所占比重从 1980 年以后趋于稳定。

图 3-32　京津冀城市群经济结构同人口城市化的关系

随着经济发展和人均 GDP 的提高，劳动力首先由第一产业向第二产业转移，当人均 GDP 进一步提高时，劳动力便向第三产业转移。城市化中期，新兴工业相继出现，科技进步又进一步加速了经济增长，促进了产业集聚及产业结构转换，城市的集聚经济和规模效应进一步促使了人口和经济要素快速向城市集中，与此同时，商品经济得到快速发展，生产社会化程度不断提高，与之配套的第三产业发展迅速，许多农村劳动力和城市劳动力被吸引到服务行业就业，使就业结构发生变化，大量的劳动力大大提高了第三产业创造的产业价值，依次循环，最终形成了产业结构和就业结构的变化，以及人口城市化和城市发展水平的提高。京津冀城市群各个城市的第三产业就业比重与人口城市化率的相关性比较高（表3-5），大量的劳动力正在由第二产业向第三产业流动，体现了整个城市群正处在由第二产业向第三产业过渡的阶段。而这个过程是促进人口城市化率提高的重要推动力。

表3-5　京津冀城市群第三产业就业比重同人口城市化率的相关性

城市	相关性	城市	相关性
京津冀城市群	0.74	邢台	0.89
北京	0.93	保定	-0.94
天津	0.79	张家口	0.76
河北省	0.92	承德	0.82
石家庄	0.86	沧州	-0.40
唐山	0.75	廊坊	0.78
秦皇岛	0.89	衡水	0.07
邯郸	0.99		

发达国家城市化历史进程表明，以人均GDP为代表的经济发展水平与人口城市化水平之间存在显著的正相关性。从静态看，人口城市化水平高的国家，人均GDP也较高，人均GDP越高，人口城市化水平也越高；从动态看，城市人口比重的提高与人均GDP总值的增加基本上是同步的（表3-6）。这里，由于经过统计部门核算的2000年人均GDP数据缺省，考虑到数据的完整性和可比性，本小节采用2001年的人均GDP及其相对应的2001年的人口城市化率进行分析。从京津冀城市群的人口城市化率同人均GDP的相关性中不难发现整个城市群呈现出人口城市化率同人均GDP的高度相关性（表3-7）。同时，在2001年的人口城市化率分别同2001年、2005年、2008年的人均GDP相关性比较中发现，2001年的人口城市化率同当年的人均GDP最高，其他年份的人口城市化率同人均GDP有相同的现象，可见人口城市化同经济发展协调一致共同发展，不存在时滞。

表3-6　京津冀城市群不同年份人口城市化率和人均GDP

城市名	2001年		2005年		2008年	
	人口城市化率	人均GDP/元	人口城市化率	人均GDP/元	人口城市化率	人均GDP/元
北京	0.70	25 542	0.75	45 444	0.73	63 029
天津	0.59	20 155	0.60	35 783	0.61	55 473
石家庄	0.26	12 157	0.40	18 671	0.41	28 923
唐山	0.28	14 379	0.32	28 006	0.34	48 054
秦皇岛	0.29	11 500	0.42	17 171	0.42	27 481
邯郸	0.18	7 032	0.21	13 410	0.32	22 651
邢台	0.16	6 155	0.20	10 041	0.23	14 315
保定	0.16	7 058	0.23	10 020	0.26	14 518

城市名	2001 年		2005 年		2008 年	
	人口城市化率	人均 GDP/元	人口城市化率	人均 GDP/元	人口城市化率	人均 GDP/元
张家口	0.24	5 742	0.29	9 947	0.32	17 134
承德	0.19	5 143	0.24	10 723	0.27	21 048
沧州	0.17	7 258	0.22	16 581	0.30	24 665
廊坊	0.18	10 881	0.29	15 727	0.30	25 757
衡水	—	—	0.17	12 344	0.23	14 843

表 3-7 京津冀城市群不同年份人口城市化率和人均 GDP 的相关性

相关系数	2001 年人均 GDP	2005 年人均 GDP	2008 年人均 GDP
2001 年人口城市化率	0.94	0.93	0.90
2005 年人口城市化率	—	0.91	0.88
2008 年人口城市化率	—	—	0.89

第4章 京津冀城市群生态质量特征与演变

生态环境是人类生存和经济社会可持续发展的基础，与人类福祉密切相关。加强生态保护、改善环境质量，是关系我国现代化建设全局和长远发展的战略性工作。广义上，生态质量是指生态环境的优劣程度，它以生态学理论为基础，在特定的时间和空间范围内，从生态系统层次上，反映生态环境对人类生存及社会经济持续发展的适宜程度（叶亚平和刘鲁君，2000）。对生态质量状况进行评估，可以反映生态系统的基本特征与健康状况，进而了解生态系统维持现有服务功能的持续性和稳定性。区域生态质量的评价日益受到关注，随着遥感和GIS技术的发展，评价方法也逐步由定性转为定量。本章选择生态系统覆盖度、生态系统生物量和生态系统的净初级生产力（NPP）等指标，对京津冀城市群近30年城市化发展过程中生态质量状况及其变化进行了分析。

4.1 生态系统时空分布特征

生态系统格局是指一定空间范围内各种生态系统类型的构成和空间分布，掌握不同时期各类生态系统类型及其时空分布特征，是宏观把握区域生态质量的重要方式和途径（徐新良等，2008）。京津冀的生态系统类型主要包括以下6类：①农田生态系统；②森林生态系统，主要包括土地覆被中的密林地、灌丛、疏林地和其他林地；③草地生态系统，主要包括土地覆被中的高、中和低覆盖度草地；④城镇（人工表面）生态系统，主要包括以不透水表面为主的建设用地；⑤湿地生态系统，主要包括沼泽地、河渠、水库和滩地；⑥其他生态系统，主要包括土地覆被中的裸地。

4.1.1 城市群生态系统构成时空分布特征

京津冀城市群6种生态系统类型中，农田生态系统面积最大（102 403.10km²），其次为森林（70 867.59km²）、草地（18 578.31km²）和城镇（16 788.57km²）生态系统，湿地生态系统面积最小（6520.86km²）。从空间分布来看，森林生态系统主要分布在城市群北部，燕山—太行山山脉；草地生态系统主要分布在西北部；农田和城镇生态系统广泛分布在东南部的平原地带；湿地生态系统则分布在东部的天津、唐山和沧州等地区。

1984~2010年的近30年间，京津冀城市群的生态系统类型发生了显著的变化（图4-1）。城镇生态系统面积持续增加，由1984年的11984.84km²增加到2010年的21 634.86km²，增幅达80.52%，年均增长率为3.1%；植被（森林和草地）的面积也有所增加，面积增加了 3647.66km²，增幅达 4.15%，其中森林和草地生态系统增加面积分别为 1542.95km² 和 2104.71km²；农田和湿地的面积均有所减少。其中，农田是面积减少最明显的生态系统类型，从 1984 年的 109 025.80km²（50.53%）减少到 2010 年的 95 964.81km²（44.47%），面积减少了 13 060.99km²，降幅达 11.98%。湿地面积略有减少（0.12%），面积变化经历了"先增加，后减少"的过程。

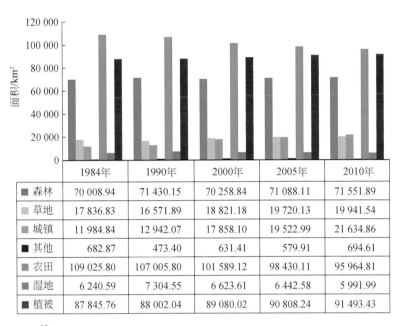

	1984年	1990年	2000年	2005年	2010年
森林	70 008.94	71 430.15	70 258.84	71 088.11	71 551.89
草地	17 836.83	16 571.89	18 821.18	19 720.13	19 941.54
城镇	11 984.84	12 942.07	17 858.10	19 522.99	21 634.86
其他	682.87	473.40	631.41	579.91	694.61
农田	109 025.80	107 005.80	101 589.12	98 430.11	95 964.81
湿地	6 240.59	7 304.55	6 623.61	6 442.58	5 991.99
植被	87 845.76	88 002.04	89 080.02	90 808.24	91 493.43

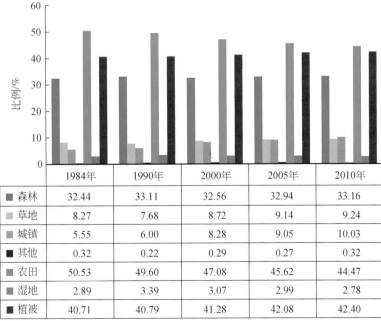

	1984年	1990年	2000年	2005年	2010年
森林	32.44	33.11	32.56	32.94	33.16
草地	8.27	7.68	8.72	9.14	9.24
城镇	5.55	6.00	8.28	9.05	10.03
其他	0.32	0.22	0.29	0.27	0.32
农田	50.53	49.60	47.08	45.62	44.47
湿地	2.89	3.39	3.07	2.99	2.78
植被	40.71	40.79	41.28	42.08	42.40

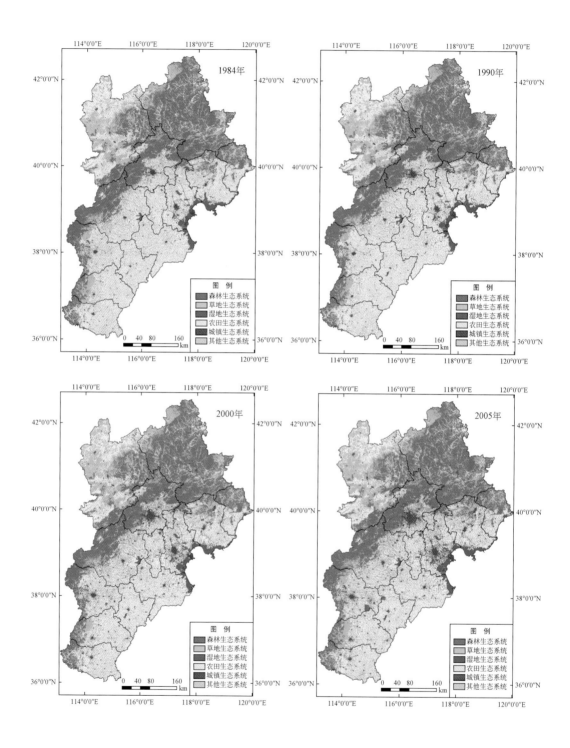

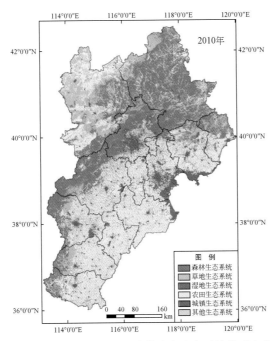

图 4-1　1984 ～ 2010 年京津冀城市生态系统类型变化

1984 ～ 2010 年，在不同的时间段（1984 ～ 1990 年，1990 ～ 2000 年，2000 ～ 2005 年，2005 ～ 2010 年），不同生态系统类型的变化过程各不相同（表 4-1）。在这 4 个阶段，植被和城镇面积呈持续增加，但每个阶段的增加趋势有明显不同。植被在 2000 ～ 2005 年面积增加最多，达 1728.22km²，占总变化面积的 47.38%，而 1984 ～ 1990 年增加最少，仅有156.27km²。其中，森林面积表现为"先增加后减少，再增加"，主要在 1990 ～ 2000 年面积呈减少趋势；草地则出现"先减少后增加"的趋势，1984 ～ 1990 年面积减少了1264.94km²，而 1990 ～ 2000 年增加了 2249.29km²。城镇面积增幅最大的阶段是 1990 ～2000 年，面积增加了 4916.02km²，占总变化面积的 50.94%，2000 ～ 2005 年和 2005 ～2010 年的增幅分别为 17.25% 和 21.88%。农田和湿地总体呈现减少趋势，其中农田在每个阶段减少面积均超过 2000km²，1990 ～ 2000 年减少面积更是达到了 5416.68km²，占总变化面积的 52.28%。湿地面积在 1984 ～ 1990 年增加了 1063.96km²，而后持续减少，近 30年，总面积共减少 248.61km²。

表 4-1　京津冀城市群各生态系统类型面积变化趋势　　　　　　　（单位：km²）

时段	1984 ～ 1990 年	1990 ～ 2000 年	2000 ～ 2005 年	2005 ～ 2010 年
森林	1421.21	-1171.30	829.26	463.78
草地	-1264.94	2249.29	898.95	221.41
城镇	957.24	4916.02	1664.89	2111.87
其他	-209.47	158.00	-51.50	114.70

京津冀不同城市的生态系统类型构成比例差异较大（图4-2～图4-6）。整体来看，植被和农田是各地级市的主要覆盖类型，除了天津和唐山，其他城市的植被和农田总比例都超过80%。由于城市群的地理位置和地貌特征，森林生态系统多分布在北部及西北部地区，包括承德、北京、秦皇岛和保定；城市群东部和东南部地区是辽阔的平原地区，覆盖

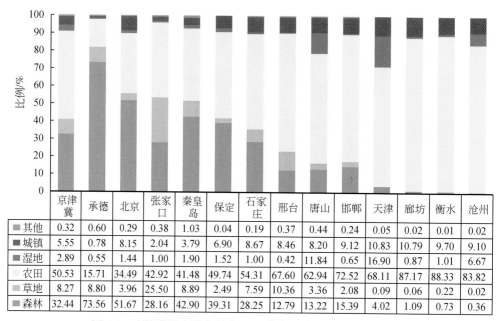

	京津冀	承德	北京	张家口	秦皇岛	保定	石家庄	邢台	唐山	邯郸	天津	廊坊	衡水	沧州
其他	0.32	0.60	0.29	0.38	1.03	0.04	0.19	0.37	0.44	0.24	0.05	0.02	0.01	0.02
城镇	5.55	0.78	8.15	2.04	3.79	6.90	8.67	8.46	8.20	9.12	10.83	10.79	9.70	9.10
湿地	2.89	0.55	1.44	1.00	1.90	1.52	1.00	0.42	11.84	0.65	16.90	0.87	1.01	6.67
农田	50.53	15.71	34.49	42.92	41.48	49.74	54.31	67.60	62.94	72.52	68.11	87.17	88.33	83.82
草地	8.27	8.80	3.96	25.50	8.89	2.49	7.59	10.36	3.36	2.08	0.09	0.06	0.22	0.02
森林	32.44	73.56	51.67	28.16	42.90	39.31	28.25	12.79	13.22	15.39	4.02	1.09	0.73	0.36

图4-2　京津冀城市群各城市1984年各生态系统类型构成比例

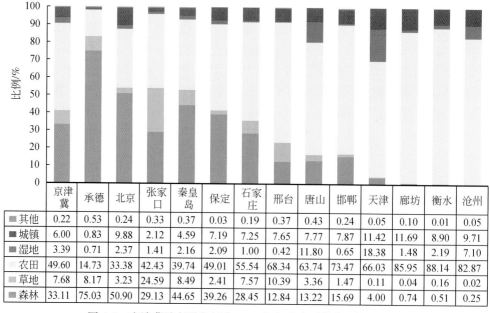

	京津冀	承德	北京	张家口	秦皇岛	保定	石家庄	邢台	唐山	邯郸	天津	廊坊	衡水	沧州
其他	0.22	0.53	0.24	0.33	0.37	0.03	0.19	0.37	0.43	0.24	0.05	0.10	0.01	0.05
城镇	6.00	0.83	9.88	2.12	4.59	7.19	7.25	7.65	7.77	7.87	11.42	11.69	8.90	9.71
湿地	3.39	0.71	2.37	1.41	2.16	2.09	1.00	0.42	11.80	0.65	18.38	1.48	2.19	7.10
农田	49.60	14.73	33.38	42.43	39.74	49.01	55.54	68.34	63.74	73.47	66.03	85.95	88.14	82.87
草地	7.68	8.17	3.23	24.59	8.49	2.41	7.57	10.39	3.36	1.47	0.11	0.04	0.16	0.02
森林	33.11	75.03	50.90	29.13	44.65	39.26	28.45	12.84	13.22	15.69	4.00	0.74	0.51	0.25

图4-3　京津冀城市群各城市1990年各生态系统类型构成比例

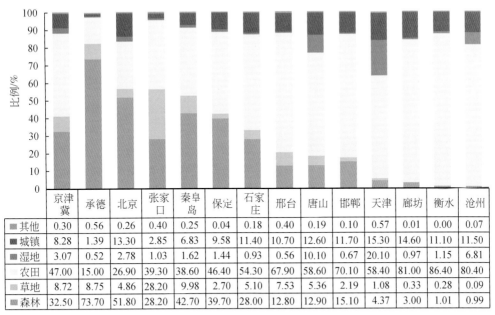

	京津冀	承德	北京	张家口	秦皇岛	保定	石家庄	邢台	唐山	邯郸	天津	廊坊	衡水	沧州
■其他	0.30	0.56	0.26	0.40	0.25	0.04	0.18	0.40	0.19	0.10	0.57	0.01	0.00	0.07
■城镇	8.28	1.39	13.30	2.85	6.83	9.58	11.40	10.70	12.60	11.70	15.30	14.60	11.10	11.50
■湿地	3.07	0.52	2.78	1.03	1.62	1.44	0.93	0.56	10.10	0.67	20.10	0.97	1.15	6.81
农田	47.00	15.00	26.90	39.30	38.60	46.40	54.30	67.90	58.60	70.10	58.40	81.00	86.40	80.40
■草地	8.72	8.75	4.86	28.20	9.98	2.70	5.10	7.53	5.36	2.19	1.08	0.33	0.28	0.09
■森林	32.50	73.70	51.80	28.20	42.70	39.70	28.00	12.80	12.90	15.10	4.37	3.00	1.01	0.99

图 4-4　京津冀城市群各城市 2000 年各生态系统类型构成比例

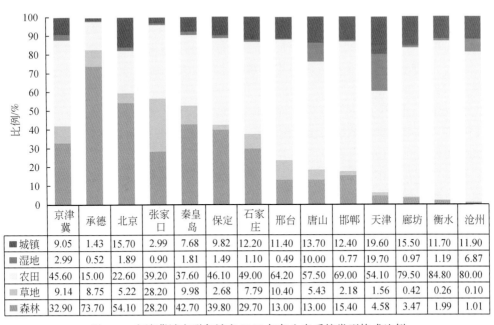

	京津冀	承德	北京	张家口	秦皇岛	保定	石家庄	邢台	唐山	邯郸	天津	廊坊	衡水	沧州
■城镇	9.05	1.43	15.70	2.99	7.68	9.82	12.20	11.40	13.70	12.40	19.60	15.50	11.70	11.90
■湿地	2.99	0.52	1.89	0.90	1.81	1.49	1.10	0.49	10.00	0.77	19.70	0.97	1.19	6.87
农田	45.60	15.00	22.60	39.20	37.60	46.10	49.00	64.20	57.50	69.00	54.10	79.50	84.80	80.00
■草地	9.14	8.75	5.22	28.20	9.98	2.68	7.79	10.40	5.43	2.18	1.56	0.42	0.26	0.10
■森林	32.90	73.70	54.10	28.20	42.70	39.80	29.70	13.00	13.00	15.40	4.58	3.47	1.99	1.01

图 4-5　京津冀城市群各城市 2005 年各生态系统类型构成比例

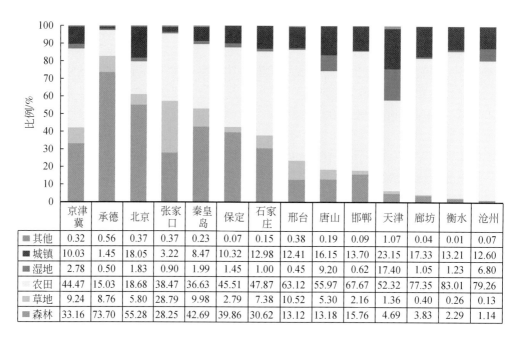

图 4-6 京津冀城市群各城市 2010 年各生态系统类型构成比例

类型以农田为主，包括沧州、衡水、廊坊和邯郸。由于濒临渤海，天津、唐山和沧州 3 个城市湿地面积比例最大，承德、张家口、邢台和邯郸 4 个城市湿地面积比例最小，均不足 1%。北京、天津和唐山 3 个城市城镇生态系统比例最大。张家口草地面积比例远远高于其他城市，达到 28.7%。

近 30 年间，承德的森林生态系统面积比例均在 70% 以上，农田生态系统面积比例稳定在 15% 左右，草地生态系统面积比例不足 10%，湿地生态系统面积比例不足 1%，城镇生态系统面积比例从 1984 年的 0.78% 增至 2010 年的 1.45%；北京的森林生态系统面积比例达到 50% 以上，农田生态系统面积比例从 1984 年的 34.49% 减至 2010 年的 18.68%，而城镇生态系统面积比例则从 8.15% 增至 18.05%，湿地生态系统面积比例从 1.44% 增至 1.83%，草地生态系统面积比例从 3.96% 增至 5.80%；张家口的森林生态系统面积比例从 1984 年的 28.16% 增至 2010 年的 28.25%，草地生态系统面积比例从 25.50% 增至 28.79%，农田生态系统面积比例从 42.92% 减至 38.47%，城镇生态系统面积比例从 2.04% 增至 3.22%，湿地生态系统面积比例在 1% 左右且略有下降；秦皇岛的森林生态系统面积比例均在 42% 左右，农田生态系统面积比例从 1984 年的 41.48% 减至 2010 年的 36.63%，城镇生态系统面积比例从 3.79% 增至 8.47%，草地生态系统面积比例从 8.89% 增至 9.98%，湿地生态系统面积比例从 1.90% 增至 1.99%；保定的森林生态系统面积比例接近 40%，农田生态系统面积比例从 1984 年的 49.74% 减至 2010 年的 45.51%，城镇生态系统面积比例从 6.90% 增至 10.32%，草地生态系统面积比例从 2.49% 增至 2.79%，湿地生态系统面积比例从 1.52% 减至 1.45%；石家庄的森林生态系统面积比例从 1984 年的

28.25%增至 2010 年的 30.62%，农田生态系统面积比例从 54.31%减至 47.87%，城镇生态系统面积比例从 8.67%增至 12.98%，草地生态系统面积比例从 7.59%降至 7.38%，湿地生态系统面积比例稳定在 1%左右；邢台的森林生态系统面积比例从 1984 年的 12.79%增至 13.12%，农田生态系统面积比例从 67.60%降至 63.12%，城镇生态系统面积比例从 8.46%增至 12.41%，草地生态系统面积比例从 1984 年的 10.36%降至 2000 年的 7.53%，2010 年增至 10.52%，湿地生态系统面积比例从 0.42%增至 0.45%；唐山的森林生态系统面积比例稳定在 13.00%左右，农田生态系统面积比例从 62.94%降至 55.97%，城镇生态系统面积比例从 8.20%增至 16.15%，草地生态系统面积比例从 3.36%增至 5.30%，湿地生态系统面积比例从 11.84%降至 9.20%；邯郸的森林生态系统面积比例从 15.39%增至 15.76%，农田生态系统面积比例从 72.52%降至 67.67%，城镇生态系统面积比例从 9.12%增至 13.70%，草地生态系统面积比例从 2.08%增至 2.16%，湿地生态系统面积比例从 1984 年的 0.65%增至 2005 年的 0.77%，2010 年降至 0.62%；天津的森林生态系统面积比例从 4.02%增至 4.69%，农田生态系统面积比例从 68.11%降至 52.32%，城镇生态系统面积比例从 10.83%增至 23.15%，草地生态系统面积比例从 0.09%增至 2.16%，湿地生态系统面积比例从 16.90%增至 17.40%；廊坊、衡水和沧州的农田生态系统面积比例在 1984 年均在 80%以上，森林生态系统面积比例较低，不足 5%，城镇生态系统面积比例在 10%左右，湿地生态系统中沧州面积比例最大，达 6.67%，草地生态系统面积比例均不足 1%。

4.1.2 城市群生态系统格局时空分布特征

区域生态系统构成和空间结构影响生态过程与功能，是决定生态系统服务整体状况及其空间差异的重要因素，也是人类针对不同区域特征实施生态系统服务功能保护和利用的重要依据。景观指数常用来表征和量化生态系统结构组成和空间配置的特征（邬建国，2007）。本小节选用斑块密度、平均斑块面积、景观蔓延度指数、景观多样性指数和景观均匀度指数 5 个景观指数，定量描述不同生态系统类型斑块的多少、大小、分布状况、异质性和多样性程度。其中，斑块密度是指单位面积上某种类型斑块的个数，能够反映斑块的密集程度；平均斑块面积是指某一类型斑块的平均大小，可以反映景观的破碎化程度；景观蔓延度指数描述景观中不同斑块类型的团聚程度和蔓延趋势，用来表征景观破碎化情况，蔓延度高表明景观中优势斑块类型形成了较好的连通性，低则说明景观中多种斑块类型密集，景观破碎化较为严重；景观多样性指数表征景观中斑块多少及其所占比例变化情况，用来度量系统结构组成的复杂程度；景观均匀度指数反映景观中各斑块在面积上分布的不均匀程度，通常以多样性指数和其最大值的比来表示。

总体而言，整个城市群从 1984 年开始，景观斑块数增加，1990 年达到最高值，继而开始下降，至 2000~2010 年保持稳定。景观蔓延度有缓慢的下降趋势。景观多样性和均匀度指数有小幅度的上升，在 2010 年达到最高值。基于斑块密度，可以看出，城市化进程初期，城市景观破碎度增加，随着城市化进程的发展，景观破碎化程度开始下降，逐步达到一个相对稳定的状态。具体来说，在京津冀城市群，1984～2010 年，景观斑块密度呈现出先上升后下降的趋势，从 1984 年的 1.58 个/km² 上升到 1990 年的 2.09 个/km²，2000 年下降到 0.87 个/km²；2000～2010 年基本保持稳定，保持在 0.9 个/km² 左右（图 4-7）。从地级市尺度来看，秦皇岛的斑块密度最大，保定的斑块密度最小；除天津（先上升后下降再上升的趋势）外，其他城市斑块密度呈现出与整个城市群相似的变化趋势。

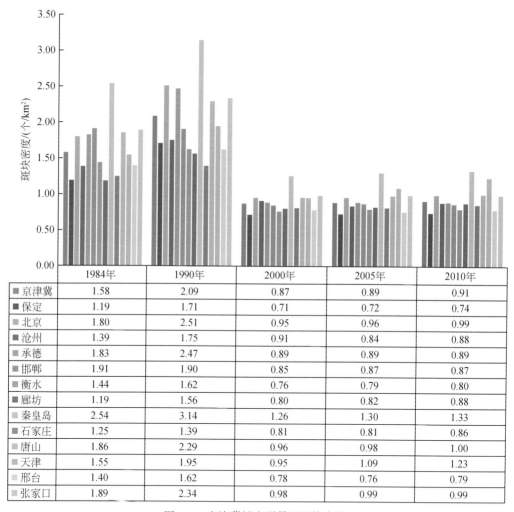

	1984年	1990年	2000年	2005年	2010年
■京津冀	1.58	2.09	0.87	0.89	0.91
■保定	1.19	1.71	0.71	0.72	0.74
■北京	1.80	2.51	0.95	0.96	0.99
■沧州	1.39	1.75	0.91	0.84	0.88
■承德	1.83	2.47	0.89	0.89	0.89
■邯郸	1.91	1.90	0.85	0.87	0.87
■衡水	1.44	1.62	0.76	0.79	0.80
■廊坊	1.19	1.56	0.80	0.82	0.88
■秦皇岛	2.54	3.14	1.26	1.30	1.33
■石家庄	1.25	1.39	0.81	0.81	0.86
■唐山	1.86	2.29	0.96	0.98	1.00
■天津	1.55	1.95	0.95	1.09	1.23
■邢台	1.40	1.62	0.78	0.76	0.79
■张家口	1.89	2.34	0.98	0.99	0.99

图 4-7　京津冀城市群景观斑块密度

京津冀城市群在近 30 年间平均斑块面积有显著增加，从 1984 年的 58.21 hm² 增加至 2010 年的 106.27 hm²。各地级市也呈现了相似的增长幅度（图 4-8）。平均斑块面积变化说明，城市化发展初期，平均斑块面积基本保持不变或略有下降，随着城市化进程的发展，城市平均斑块面积显著增加，达到一定峰值后保持稳定或略有下降。1984～1990 年，城市群及各地级市平均斑块面积变化幅度不大，北京、保定和廊坊稍有降低，其他城市基本保持不变或有所增加。1990～2000 年变化较大，所有城市平均斑块面积均显著增加，变化最明显的是承德,增幅达 100% 。2000 ~ 2010 年除承德保持基本不变外,其他城市的平均斑块面积有少许降低。

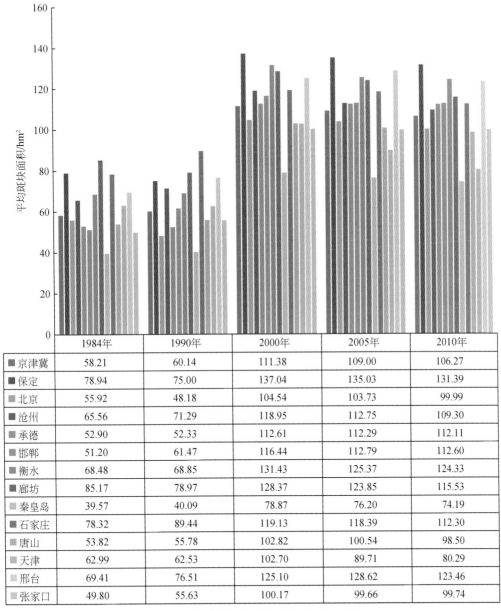

	1984年	1990年	2000年	2005年	2010年
■ 京津冀	58.21	60.14	111.38	109.00	106.27
■ 保定	78.94	75.00	137.04	135.03	131.39
▦ 北京	55.92	48.18	104.54	103.73	99.99
■ 沧州	65.56	71.29	118.95	112.75	109.30
■ 承德	52.90	52.33	112.61	112.29	112.11
■ 邯郸	51.20	61.47	116.44	112.79	112.60
■ 衡水	68.48	68.85	131.43	125.37	124.33
■ 廊坊	85.17	78.97	128.37	123.85	115.53
▦ 秦皇岛	39.57	40.09	78.87	76.20	74.19
■ 石家庄	78.32	89.44	119.13	118.39	112.30
▦ 唐山	53.82	55.78	102.82	100.54	98.50
■ 天津	62.99	62.53	102.70	89.71	80.29
▦ 邢台	69.41	76.51	125.10	128.62	123.46
▦ 张家口	49.80	55.63	100.17	99.66	99.74

图 4-8 京津冀城市群景观平均斑块面积

京津冀城市群景观蔓延度呈现出缓慢下降的趋势(图4-9)。从地级市尺度来看,蔓延度下降最明显的是天津,从 1984 年的 68.69 降至 2010 年的 59.06,表明天津的多种斑块类型密集,景观破碎化程度相比 1984 年明显增加。蔓延度变化最小的是承德,在 1984 ~ 2010 年一直保持在 70.07 左右。

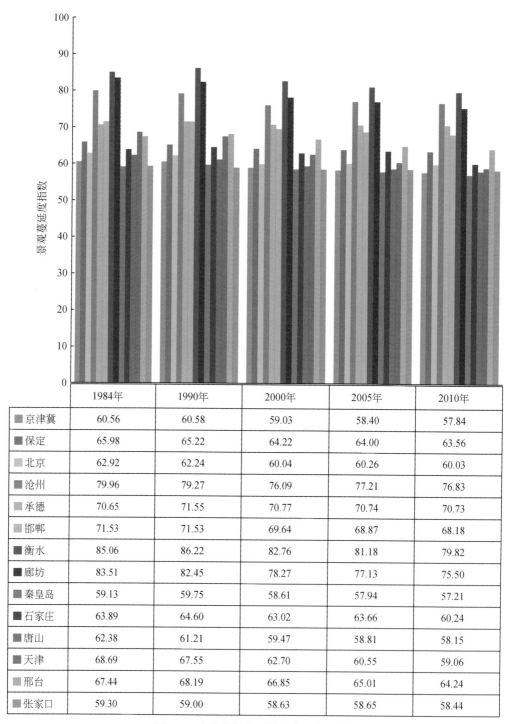

	1984年	1990年	2000年	2005年	2010年
京津冀	60.56	60.58	59.03	58.40	57.84
保定	65.98	65.22	64.22	64.00	63.56
北京	62.92	62.24	60.04	60.26	60.03
沧州	79.96	79.27	76.09	77.21	76.83
承德	70.65	71.55	70.77	70.74	70.73
邯郸	71.53	71.53	69.64	68.87	68.18
衡水	85.06	86.22	82.76	81.18	79.82
廊坊	83.51	82.45	78.27	77.13	75.50
秦皇岛	59.13	59.75	58.61	57.94	57.21
石家庄	63.89	64.60	63.02	63.66	60.24
唐山	62.38	61.21	59.47	58.81	58.15
天津	68.69	67.55	62.70	60.55	59.06
邢台	67.44	68.19	66.85	65.01	64.24
张家口	59.30	59.00	58.63	58.65	58.44

图 4-9　京津冀城市群景观蔓延度指数

1984～2010 年, 京津冀城市群景观多样性指数呈增加趋势（1.21 增至 1.30）（图 4-10）。

地级市尺度上，张家口的景观多样性指数最大，衡水的景观多样性指数最小。从变化趋势来看，天津景观多样性指数增加最明显，其指数由 1984 年的 0.49 增加到 2010 年的 1.23，其中变化最明显的时段是 1990～2000 年（0.52 增至 1.14），增幅达 119%。

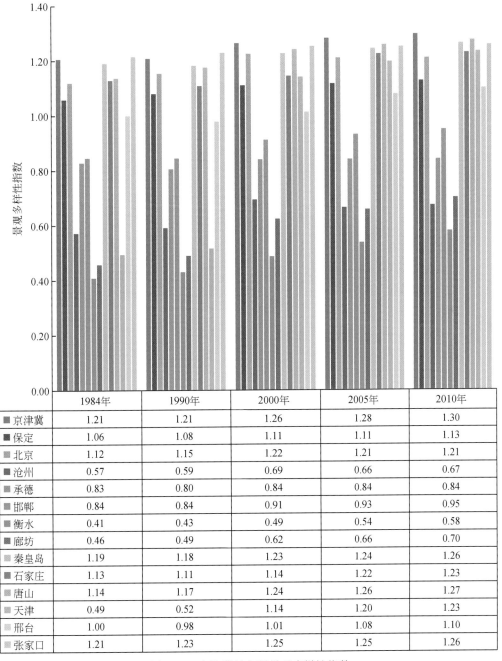

	1984年	1990年	2000年	2005年	2010年
■ 京津冀	1.21	1.21	1.26	1.28	1.30
■ 保定	1.06	1.08	1.11	1.11	1.13
■ 北京	1.12	1.15	1.22	1.21	1.21
■ 沧州	0.57	0.59	0.69	0.66	0.67
■ 承德	0.83	0.80	0.84	0.84	0.84
■ 邯郸	0.84	0.84	0.91	0.93	0.95
■ 衡水	0.41	0.43	0.49	0.54	0.58
■ 廊坊	0.46	0.49	0.62	0.66	0.70
■ 秦皇岛	1.19	1.18	1.23	1.24	1.26
■ 石家庄	1.13	1.11	1.14	1.22	1.23
■ 唐山	1.14	1.17	1.24	1.26	1.27
■ 天津	0.49	0.52	1.14	1.20	1.23
■ 邢台	1.00	0.98	1.01	1.08	1.10
■ 张家口	1.21	1.23	1.25	1.25	1.26

图 4-10　京津冀城市群景观多样性指数

    1984～2010 年，京津冀城市群景观均匀度指数有缓慢提升，由 1984 年的 0.67 增加到 2010 年的 0.72（图 4-11）。表明城市群各斑块面积差异有所增加，不均匀程度略有增加。地级市尺度上也呈现出缓慢增加的趋势，其中天津的变化幅度较大，从 1984 年的 0.26 增加到 2010 年的 0.69。

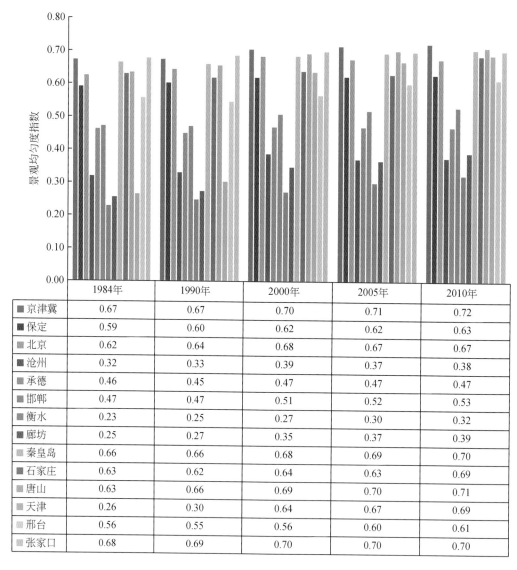

	1984年	1990年	2000年	2005年	2010年
京津冀	0.67	0.67	0.70	0.71	0.72
保定	0.59	0.60	0.62	0.62	0.63
北京	0.62	0.64	0.68	0.67	0.67
沧州	0.32	0.33	0.39	0.37	0.38
承德	0.46	0.45	0.47	0.47	0.47
邯郸	0.47	0.47	0.51	0.52	0.53
衡水	0.23	0.25	0.27	0.30	0.32
廊坊	0.25	0.27	0.35	0.37	0.39
秦皇岛	0.66	0.66	0.68	0.69	0.70
石家庄	0.63	0.62	0.64	0.63	0.69
唐山	0.63	0.66	0.69	0.70	0.71
天津	0.26	0.30	0.64	0.67	0.69
邢台	0.56	0.55	0.56	0.60	0.61
张家口	0.68	0.69	0.70	0.70	0.70

图 4-11　京津冀城市群景观均匀度指数

    这些景观指数的变化表明 1984～1990 年，由于小河道和郊区居民地的分散，使得小面积斑块较多，在大面积耕地斑块基底存在的情况下，各斑块类型之间的连通性较低，景观破碎化程度高，景观蔓延度低。随着城市化进程的发展，城市群土地覆盖发生快速变化，由于分散居民地因人口增加而合并为大面积的居民区，同时工业设施和交通设施的增多，许多农田或湿地转变为人工表面地面或者植被，随着城市规模的逐渐增大，人工表面地面增加，农田减少，景观平均斑块面积增大，斑块数量减少，斑块之间的连通性增加，城市群斑块结构组成更加复杂，景观多样性和均匀度指数升高。

4.2 植被覆盖的时空分布特征

植被作为生态系统的重要组成部分，对人类的生存环境起着不可替代的作用。近年来，随着全球城市化进程不断加快，在生态环境问题的研究过程中，城市化对植被覆盖度的影响已受到国内外科学家的广泛关注（李红等，2009；刘林等，2012；梁尧钦等，2012；王钊齐等，2015）。植被覆盖度是指植被冠层在地面上的垂直投影面积与土地面积的百分比，是衡量地面植被特征及区域生态质量的重要指标（甘春英等，2011；曹永祥等，2011；李晓松等，2011）。同时，快速城市化所引发的景观破碎化加剧对城市生态系统的过程、功能及其所提供的生态服务功能具有显著的影响。基于此，本节主要从植被覆盖度和植被破碎化程度两个方面，对植被覆盖的时空分布特征进行分析。

4.2.1 植被覆盖度的时空分布特征

随着城市化进程的不断加速，人类社会对植被的影响日益显著，人类从自然界获取大量资源，导致植被破坏、森林消失、生态质量下降。而自 2000 年启动的京津风沙源治理工程和退耕还林还草植被建设工程对提高植被覆盖度势必起到积极作用，从而造成植被覆盖度的时空动态变化激烈。因此本小节将重点对 2000～2010 年京津冀城市群植被覆盖度的时空分布进行分析。

1984～2010 年，城市群及各地级市的植被面积比例均表现为增加（图 4-12）。京津冀城市群植被覆盖比例总体由 1984 年的 40.64% 增至 2010 年的 42.40%。

参考中华人民共和国水利部 2008 年颁布的《土壤侵蚀分类分级标准》，将植被覆盖度划分为 4 个等级：<30%（低覆盖度）、30%～45%（中低覆盖度）、45%～60%（中覆盖度）、>60%（高覆盖度）。总体上，京津冀城市群以中覆盖度和中低覆盖度为主，分别占整个区域的 42.08%、30.32%，是研究区植被覆盖的主体；而高覆盖度和低覆盖度占到 16.25% 和 11.35%（图 4-13）。2000～2010 年不同等级覆盖度的植被变化趋势不同。高覆盖度植被变化相对剧烈，呈减少趋势。中覆盖度植被所占面积百分比从 37.22%（75 323.38km²）增加至 42.29%（91 276.13km²）；一系列相关的措施，如封山育林、建设防护林体系、退耕还林等生态工程成效明显，使得 18 407.44km² 中低覆盖度转为中覆盖度。而中低覆盖度减少了 15 952.75km²（0.69%）；低覆盖度增加了 0.49%（229.81km²），由于城市建设用地的扩张导致城市中心及周边低覆盖度区域面积扩大，从空间分布图可以看出，低覆盖度区域主要分布在大中城市，即北京、天津、唐山和石家庄等建成区及边缘地带。另外，张家口坝上地区，生态环境脆弱，人为干扰活动较强，其植被覆盖度也以低覆盖度为主（图 4-13 和图 4-14）。

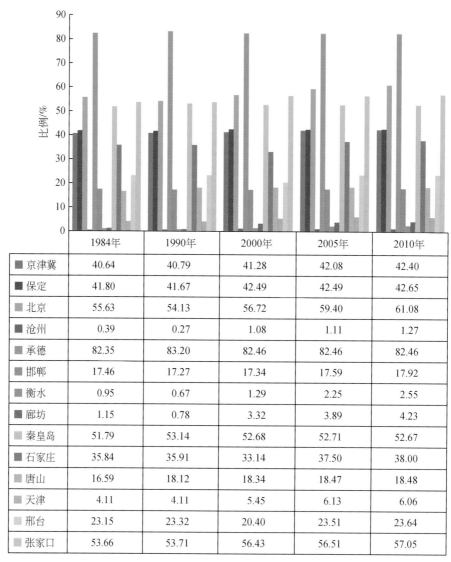

	1984年	1990年	2000年	2005年	2010年
■ 京津冀	40.64	40.79	41.28	42.08	42.40
■ 保定	41.80	41.67	42.49	42.49	42.65
▨ 北京	55.63	54.13	56.72	59.40	61.08
■ 沧州	0.39	0.27	1.08	1.11	1.27
▨ 承德	82.35	83.20	82.46	82.46	82.46
■ 邯郸	17.46	17.27	17.34	17.59	17.92
■ 衡水	0.95	0.67	1.29	2.25	2.55
■ 廊坊	1.15	0.78	3.32	3.89	4.23
▨ 秦皇岛	51.79	53.14	52.68	52.71	52.67
■ 石家庄	35.84	35.91	33.14	37.50	38.00
▨ 唐山	16.59	18.12	18.34	18.47	18.48
▨ 天津	4.11	4.11	5.45	6.13	6.06
▨ 邢台	23.15	23.32	20.40	23.51	23.64
▨ 张家口	53.66	53.71	56.43	56.51	57.05

图 4-12　京津冀城市群植被面积比例

从时空分布来看（图 4-15），2000～2010 年，61.84% 的研究区域植被覆盖度呈增加趋势，14.52% 的地区显著增加（$p<0.05$）。显著增加的区域主要是人类活动较少的林地自然生长区，集中分布于京津冀的沧州、衡水及燕山—太行山山脉。而植被覆盖度显著下降的区域占 5.96%，主要分布在北京、天津、石家庄、唐山和保定等城市核心区的周边区域，这些区域在快速城镇化过程中大量耕地和草地被挤占，转变为建设用地；此外，张家口坝上地区，由于过度放牧和过度开垦等人为因素影响，草原生态系统破坏严重，导致其植被覆盖度显著下降，荒漠化日益严重。

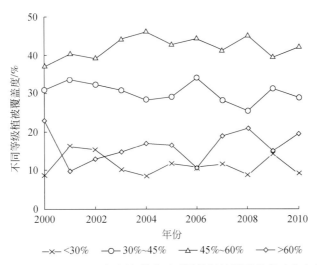

图 4-13　2000～2010 年京津冀地区不同等级植被覆盖度动态变化

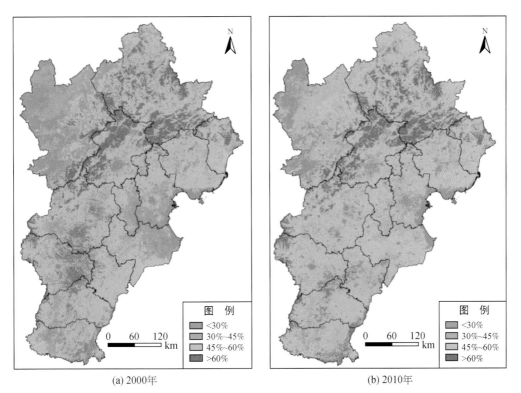

图 4-14　2000 年和 2010 年京津冀地区不同等级植被覆盖度空间分布

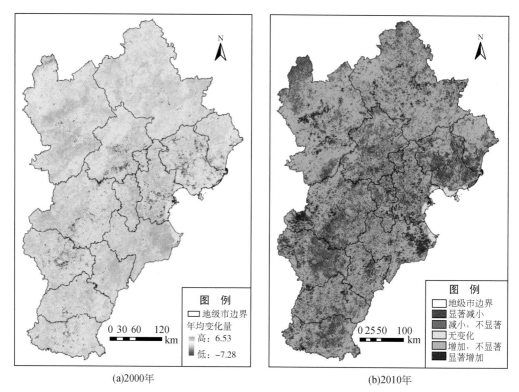

(a)2000年　　　　　　　　　　　　　(b)2010年

图 4-15　2000 年和 2010 年京津冀地区不同等级植被覆盖度变化格局

4.2.2　植被破碎化程度的时空分布特征

随着城市化的快速推进，人类活动显著地改变了城市的下垫面特征和景观格局，城市景观呈现"高度破碎化"特征。导致自然生境丧失，简化了物种组成，改变了城市的能流、物流和养分循环的过程，进而影响城市生态系统重要的服务功能（仇江啸等，2012）。本小节选取了植被斑块密度和平均斑块面积两个景观指数，来表征植被破碎化程度。

1984～2010 年京津冀植被斑块密度呈先增后降的趋势，1984～1990 年，斑块密度从 0.57 个/km² 升至 0.76 个/km²，至 2000 年出现了急剧下降，降至 0.29 个/km²，而后 2000～2010 年保持相对稳定（图 4-16）。与斑块密度相反，京津冀植被平均斑块面积在 1984～1990 年从 58.21 hm² 升至 60.14 hm²，而后剧烈上升，至 2000 年达 111.38 hm²，最后 10 年相对稳定在 110.00 hm² 左右（图 4-17）。

从地级市尺度来看，除沧州和廊坊植被斑块密度呈连续增加趋势外，其他城市植被斑块密度变化与整个城市群变化趋势相似。其中，秦皇岛、张家口和承德等斑块密度最高，天津和沧州最低。各地级市的平均斑块面积中，承德、石家庄、保定和北京 4 个城市最高，沧州和衡水最低。近 30 年间，各城市平均斑块面积在 1990～2000 年均有显著增加。

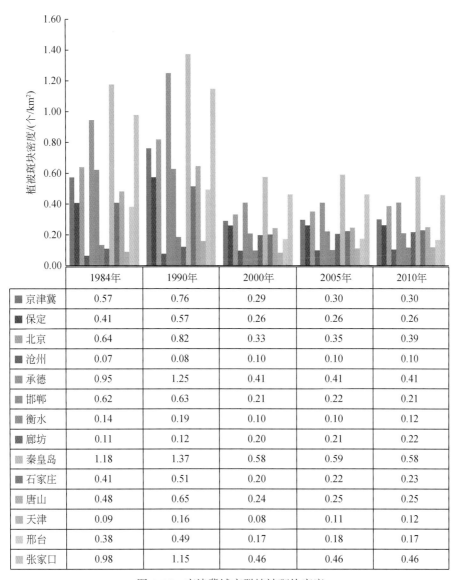

	1984年	1990年	2000年	2005年	2010年
■ 京津冀	0.57	0.76	0.29	0.30	0.30
■ 保定	0.41	0.57	0.26	0.26	0.26
▨ 北京	0.64	0.82	0.33	0.35	0.39
■ 沧州	0.07	0.08	0.10	0.10	0.10
▨ 承德	0.95	1.25	0.41	0.41	0.41
▨ 邯郸	0.62	0.63	0.21	0.22	0.21
▨ 衡水	0.14	0.19	0.10	0.10	0.12
▨ 廊坊	0.11	0.12	0.20	0.21	0.22
▨ 秦皇岛	1.18	1.37	0.58	0.59	0.58
■ 石家庄	0.41	0.51	0.20	0.22	0.23
▨ 唐山	0.48	0.65	0.24	0.25	0.25
▨ 天津	0.09	0.16	0.08	0.11	0.12
▨ 邢台	0.38	0.49	0.17	0.18	0.17
▨ 张家口	0.98	1.15	0.46	0.46	0.46

图 4-16　京津冀城市群植被斑块密度

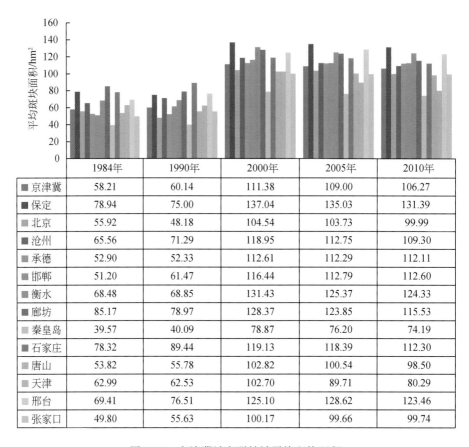

	1984年	1990年	2000年	2005年	2010年
■ 京津冀	58.21	60.14	111.38	109.00	106.27
■ 保定	78.94	75.00	137.04	135.03	131.39
■ 北京	55.92	48.18	104.54	103.73	99.99
■ 沧州	65.56	71.29	118.95	112.75	109.30
■ 承德	52.90	52.33	112.61	112.29	112.11
■ 邯郸	51.20	61.47	116.44	112.79	112.60
■ 衡水	68.48	68.85	131.43	125.37	124.33
■ 廊坊	85.17	78.97	128.37	123.85	115.53
■ 秦皇岛	39.57	40.09	78.87	76.20	74.19
■ 石家庄	78.32	89.44	119.13	118.39	112.30
■ 唐山	53.82	55.78	102.82	100.54	98.50
■ 天津	62.99	62.53	102.70	89.71	80.29
■ 邢台	69.41	76.51	125.10	128.62	123.46
■ 张家口	49.80	55.63	100.17	99.66	99.74

图 4-17　京津冀城市群植被平均斑块面积

4.3　生物量空间分布特征及其变化趋势

生物量是生物在某一特定时刻单位空间的个体数、重量或其能量。生物量是生态系统结构优劣和功能高低的最直接表现，也是生态系统环境质量的综合体现。

整个京津冀城市群总生物量在 2000～2010 年有显著的增长，增幅达 153%。仅 2000～2005 年生物量从 $2.24×10^6$ kg 增加到 $5.29×10^6$ kg，2010 年达到 $5.66×10^6$ kg（图 4-18）。京津冀平均生物量总体呈现增加的趋势，并且在 2000～2005 年增加显著，从 0.73 kg/m² 增加到 1.74 kg/m²，在 2005～2010 年增速放缓，至 2010 年达到 1.88 kg/m²（图 4-19）。从不同生态系统类型来看，森林的生物量最大，从 2000 年的 $1.12×10^6$ kg 增至 2010 年的 $2.17×10^6$ kg；其次为农田，从 2000 年的 $1.81×10^5$ kg 增至 2010 年的 $1.07×10^6$ kg；草地的生物量最低，2000 年总生物量为 $7.10×10^4$ kg，2010 年增至 $1.76×10^5$ kg（图 4-20）。

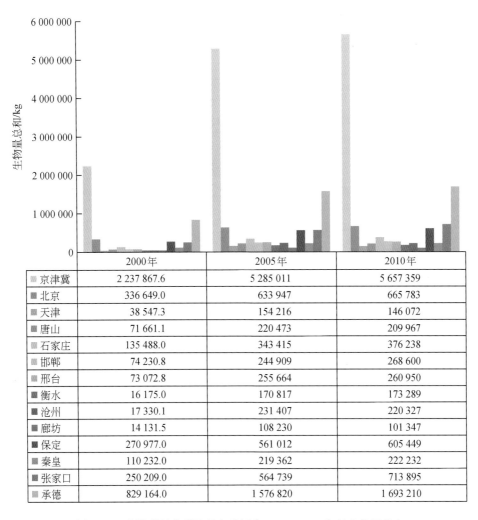

	2000 年	2005 年	2010 年
京津冀	2 237 867.6	5 285 011	5 657 359
北京	336 649.0	633 947	665 783
天津	38 547.3	154 216	146 072
唐山	71 661.1	220 473	209 967
石家庄	135 488.0	343 415	376 238
邯郸	74 230.8	244 909	268 600
邢台	73 072.8	255 664	260 950
衡水	16 175.0	170 817	173 289
沧州	17 330.1	231 407	220 327
廊坊	14 131.5	108 230	101 347
保定	270 977.0	561 012	605 449
秦皇	110 232.0	219 362	222 232
张家口	250 209.0	564 739	713 895
承德	829 164.0	1 576 820	1 693 210

图 4-18　京津冀城市群及其各地级市 2000～2010 年的生物量总和

　　从各市来看，总生物量最高的是承德，占到整个城市群总生物量的 30% 以上；其次是北京、保定和张家口；廊坊和衡水生物量最小。地级市尺度上生物量变化趋势与整个区域生物量变化趋势相似，其中沧州增幅最大。少数城市（天津、唐山、沧州和廊坊）平均生物量在 2005～2010 年呈现下降趋势，降幅在 30～60g/m² （图 4-19）。另外，平均生物量最高的是北京，其次为承德，沧州平均生物量最低。

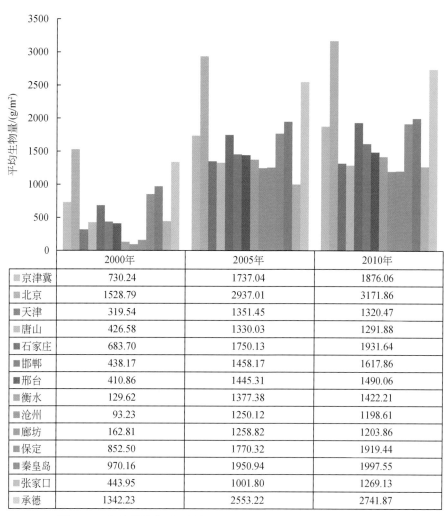

	2000年	2005年	2010年
■京津冀	730.24	1737.04	1876.06
■北京	1528.79	2937.01	3171.86
■天津	319.54	1351.45	1320.47
■唐山	426.58	1330.03	1291.88
■石家庄	683.70	1750.13	1931.64
■邯郸	438.17	1458.17	1617.86
■邢台	410.86	1445.31	1490.06
■衡水	129.62	1377.38	1422.21
■沧州	93.23	1250.12	1198.61
■廊坊	162.81	1258.82	1203.86
■保定	852.50	1770.32	1919.44
■秦皇岛	970.16	1950.94	1997.55
■张家口	443.95	1001.80	1269.13
■承德	1342.23	2553.22	2741.87

图 4-19　京津冀城市群及其各地级市 2000～2010 年的平均生物量

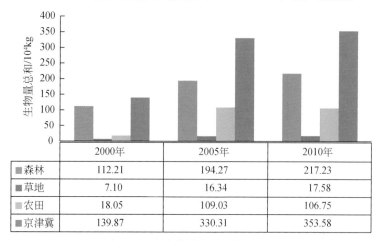

	2000年	2005年	2010年
■森林	112.21	194.27	217.23
■草地	7.10	16.34	17.58
■农田	18.05	109.03	106.75
■京津冀	139.87	330.31	353.58

图 4-20　京津冀城市群生物量总和

4.4 净初级生产力分布特征及变化趋势

植被净初级生产力（net primary productivity，NPP）作为碳循环的原动力，是指绿色植物在单位面积、单位时间内所累积的有机物数量，由光合作用所产生的有机质总量扣除自养呼吸后的剩余成分，是真正用于植物生长和生殖的光合产物量或有机碳量。NPP 不仅反映陆地生态系统的光合作用和呼吸作用的能力，表征陆地生态系统的生产能力状况，还是判定生态系统碳源/汇和调节生态过程的重要因子（王静等，2015）。NPP 受植被自身活动和外界环境的相互影响，已成为评价陆地生态系统及生态质量的重要指标。

2000～2010 年，京津冀城市群年均 NPP 变化范围为 487.5～600.4gC/m² （图 4-21），总体上升趋势分两个时段：①2000～2005 年年均 NPP 上升趋势较为明显，2005 年达近 10 年的最高值；②2006～2010 年上升趋势较为波动，且较 2000～2005 年上升幅度低。京津冀城市群 NPP 在空间上表现为明显的地带分异性［图 4-22 （a）］。城市群北部及西南部以森林为主要覆被类型，是城市群 NPP 高值区；东部以农田为主要覆盖区域，NPP 年均值处于城市群中等水平；西北部以草地为主要覆被类型，NPP 年均值处于较低水平；城市地区及沿海地区 NPP 年均值明显更低，基本处于 0～281gC/m²。2000～2010 年 NPP 变化趋势显示［图 4-22 （b）］，65.76% 的地区 NPP 呈增长趋势，集中分布在城市群西北部的张家口及东南部的沧州；而 NPP 下降的区域占到 31.13%，主要分布在城市群东部的唐山及东北至西南沿线，特别是城市周边地区有明显的下降趋势。

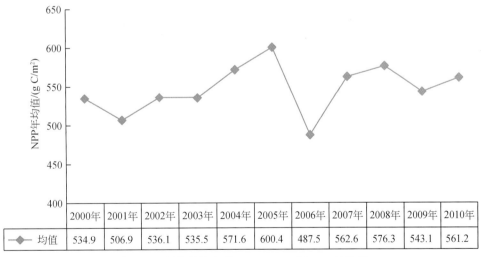

	2000年	2001年	2002年	2003年	2004年	2005年	2006年	2007年	2008年	2009年	2010年
◆ 均值	534.9	506.9	536.1	535.5	571.6	600.4	487.5	562.6	576.3	543.1	561.2

图 4-21 京津冀城市群 2000～2010 年 NPP 年均值

各城市因生态系统类型组成不同，NPP 均值亦有明显差异（图 4-23）。石家庄、承德、衡水、北京和保定 5 个城市，因森林面积所占比例较高，年均 NPP 均高于 600gC/m²；邢台、邯郸和秦皇岛，以农田和森林为主要覆盖类型，近 10 年平均 NPP 在 550～600gC/m²。东部以农田为主要覆盖类型的城市，特别是沿海城市，如廊坊、唐山、沧州和天津等，其 NPP 均

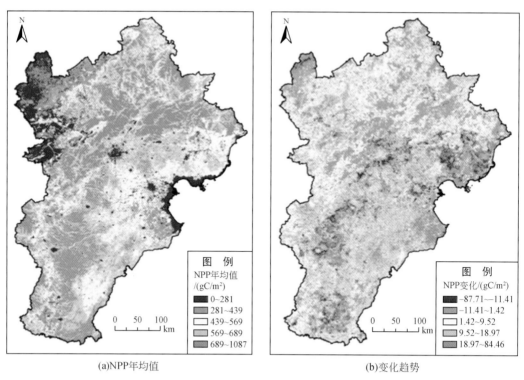

(a)NPP年均值 　　　　　　　　　　　　　　　(b)变化趋势

图 4-22　城市群 2000~2010 年 NPP 年均值和变化趋势

值处于较低水平，在 400~500gC/m² 。2000~2010 年各城市的 NPP 除唐山外，均呈上升趋势（图 4-24），特别是张家口、沧州和承德增幅较大，而北京和秦皇岛增幅相对较小。

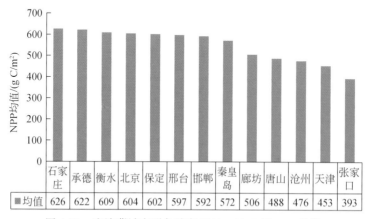

	石家庄	承德	衡水	北京	保定	邢台	邯郸	秦皇岛	廊坊	唐山	沧州	天津	张家口
■均值	626	622	609	604	602	597	592	572	506	488	476	453	393

图 4-23　京津冀城市群各城市 2000~2010 年 NPP 均值

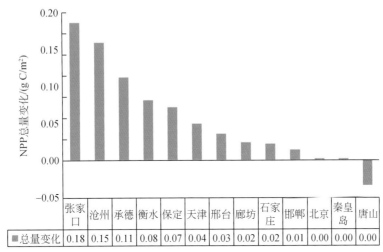

图 4-24 京津冀城市群各城市 2000~2010 年 NPP 总量变化趋势

4.5 生态质量综合评估

生态质量综合评价是在区域生态环境调查的基础上,针对本区域生态环境特点,选取一定的评价指标和数学方法进行评价,评价区域的生态质量状况,辨识存在的问题并提出综合治理的对策措施(厉彦玲等,2005)。生态质量评价通过建立生态质量评价的指标体系和评价方法,评价区域生态质量及发展趋势,可为揭示区域生态环境现状及其演化规律,探讨生态系统脆弱的因子提供支撑,并为生态保护和恢复提供理论依据。目前,最常用的评价方法包括生态质量指数综合评估和生态质量动态变化定量评价。

4.5.1 生态质量指数综合评估

根据京津冀城市群各城市的植被破碎化程度、植被覆盖面积比例和单位面积生物量,将城市群的 13 个地级市划分为 4 类。

第一类包括北京、石家庄、承德、保定和秦皇岛 5 个城市,分布在城市群的北部和西北,其植被面积比例明显高于其他地级市。这一类城市在 2005 年以前,生物量数值明显小于植被面积比例。但在 2005 年和 2010 年,生物量和植被面积比例大小接近,和城市群的情况相似(图 4-25)。

第二类包括唐山、邯郸和邢台 3 个城市,覆盖类型主要以农田为主。这类城市的指标数值参差不齐。2005 年以前,3 个指标大小相近,而在 2005 年和 2010 年,生物量数值明显大于其他两个生态指数(图 4-26)。

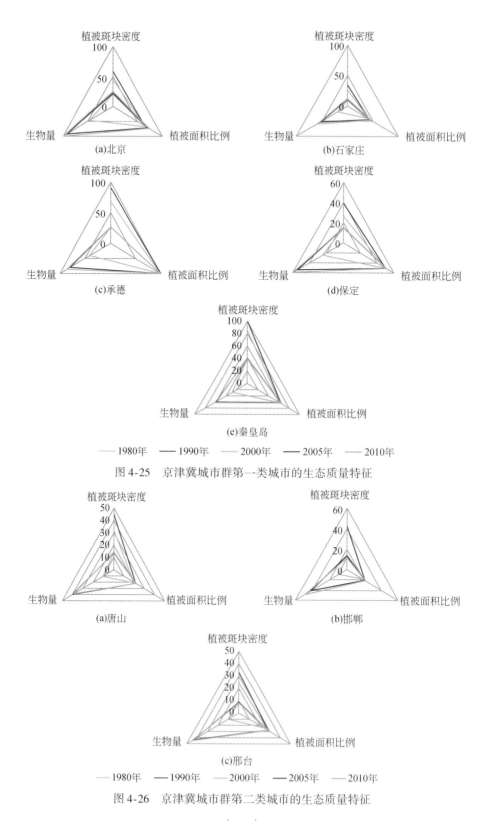

图 4-25　京津冀城市群第一类城市的生态质量特征

图 4-26　京津冀城市群第二类城市的生态质量特征

第三类包括天津、廊坊、沧州和衡水4个城市，主要分布在城市群东南的平原地带。这类城市的生态质量状况基本上由生物量决定（图4-27）。

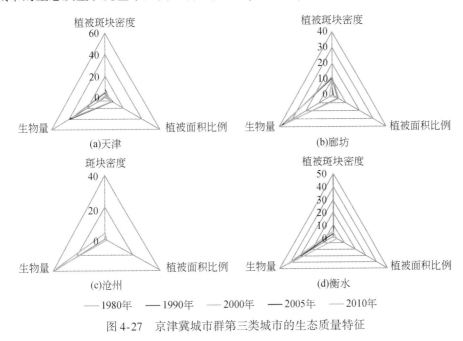

图 4-27　京津冀城市群第三类城市的生态质量特征

第四类仅有张家口。同是处于城市群西北部，植被覆盖面积比例比较高，但因张家口草地覆盖面积比例较高，生物量明显低于第一类的5个城市（图4-28）。

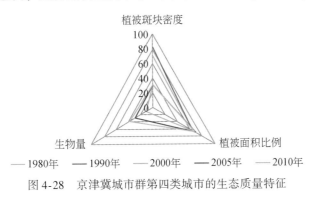

图 4-28　京津冀城市群第四类城市的生态质量特征

对标准化后的各评价因子（植被破碎化程度、植被覆盖面积比例和单位面积生物量）进行加权得到综合生态质量指数（图4-29）。结果显示，京津冀城市群及各地级市的生态质量在2000~2010年逐渐上升，其中2000~2005年增幅显著大于2005~2010年。地级市中，承德、北京石家庄和保定，因具有较高的植被覆盖面积比例、生物量和植被斑块密度，生态质量皆较高。张家口虽有高的植被斑块密度和植被覆盖面积比例，但其生物量较低，生态质量略低于前4个城市。沧州、衡水和天津，因其植被覆盖面积比例和植被斑块密度非常低，生态质量较低，但其增加幅度较大，尤其是沧州和衡水，生态质量指数增幅超过 10 倍。综上所述，生态质量和植被覆盖面积比例有非常强的正相关，生态质量最好的 4 个城市分布于城市群西北部区域，其植被覆盖面积比例较高；而城市群东南部平原以农田生态系统为主，生态质量则处于城市群中下水平。

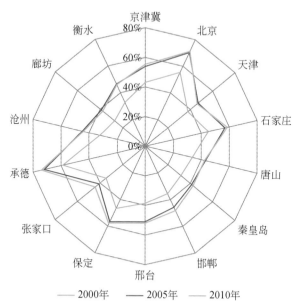

图 4-29 京津冀城市群及其各地级市综合生态质量指数

4.5.2 生态质量动态变化定量评价

随着区域城镇化的发展，如何定量评价区域生态质量状况与变化及其与城镇化的关系，日益成为生态学研究的热点。基于统计分析原理，从多指标分析中提取相关的综合性指标，在保证数据信息损失最小的前提下，对高维变量进行降维处理，最大量保持原指标信息的统计方法（Wold et al.，1987）。基于以上理论，对各项生态质量指标（表 4-2）进行主成分分析。首先，在进行量纲归一化前，对指标数据做正向化处理。对于逆向指标（即指标值越低，生态环境质量越好）采用倒数法将其正向化。其次，用极差归一化变换对所有指标进行标准化，使其量纲和数量级一致。最后，对各项生态指标进行主成分分析。

表 4-2 主成分分析生态指数的载荷矩

生态质量指数	2000 年			2005 年			2010 年		
	主成分 1（PC1）	主成分 2（PC2）	主成分 3（PC3）	主成分 1（PC1）	主成分 2（PC2）	主成分 3（PC3）	主成分 1（PC1）	主成分 2（PC2）	主成分 3（PC3）
破碎化指数	−0.3731	0.2952	0.7861	−0.2985	0.6030	0.5762	−0.3592	0.6040	0.4381
植被百分比	0.5380	−0.2059	0.1054	0.5597	−0.1951	0.1150	0.5601	−0.1669	0.0730

续表

生态质量指数	2000 年			2005 年			2010 年		
	主成分 1（PC1）	主成分 2（PC2）	主成分 3（PC3）	主成分 1（PC1）	主成分 2（PC2）	主成分 3（PC3）	主成分 1（PC1）	主成分 2（PC2）	主成分 3（PC3）
人工表面比	0.3896	−0.4913	0.5894	0.4369	−0.2479	0.7242	0.4317	−0.1134	0.8029
植被覆盖度	0.3619	0.7481	0.1329	0.3581	0.6688	−0.0580	0.3127	0.7288	−0.0874
生物量密度	0.5372	0.2636	−0.0766	0.5278	0.2994	−0.3562	0.5225	0.2517	−0.3879
特征值	3.01	0.98	0.76	2.64	1.36	0.71	2.78	1.28	0.69
贡献率/%	60.28	19.64	15.10	52.85	27.14	15.21	55.58	25.64	13.79
累计贡献率/%	60.28	79.92	95.03	52.85	79.99	95.20	55.58	81.22	95.01

2000～2010 年，京津冀城市群生态质量在逐渐提高，生态质量指数从 2000 年的 2.38 上升到 2010 年的 2.84，增幅达 19.33%。其中，2000～2005 年的增加幅度（12.18%）高于 2006～2010 年的增加幅度（7.15%）。从空间分布来看，生态质量呈现北部较高，西部、东南部较低的空间格局（图 4-30）。

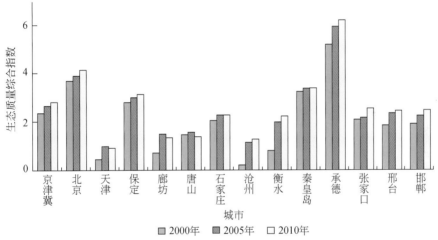

图 4-30 京津冀各地级市生态质量动态变化

不同地级市生态质量的变化趋势及幅度各不相同。其中，承德的生态质量指数最高，并显著高于其他城市；其次为北京、秦皇岛和保定；天津的生态质量最低。2000～2010 年，除唐山外，其他城市的生态质量均有上升。其中，沧州、衡水的生态质量有显著提升，增幅分别达 520.47%、171.83%。秦皇岛生态质量相对稳定，仅增加了 4.08%。除张家口、北京和唐山外，其他城市均在 2000～2005 年生态质量有大幅度提升，2005～2010 年增加幅度相对减缓（除廊坊和天津）。近 10 年间，北京生态质量的增长速度较平稳，张家口在 2005～2010 年有显著提升，而唐山的生态质量在 2000～2005 年略有上升，2005～2010 年有一定程度的下降。主成分分析很好地将京津冀不同地级市的生态质量状况进行了归类（图 4-31）。从表 4-2 可以看出，主成分 1 主要反映了植被百分比和生物量密度，2000年、2005年和2010年的载荷贡献率分别为60.28%、52.85%和55.58%；主成分2主要反映了植被覆盖度和破碎化指数，载荷贡献率为19.64%、27.14%和25.64%。图4-31显示，除张家口、承德和衡水，其他城市多数分布在原点附近。张家口以草原生态系统为主，植被覆盖度低而远离原点；承德因植被百分比较高也异于其他城市。分象限来看，北京和保定的生态质量状况相似，位于第一象限；石家庄、邢台和邯郸因有相似的生态质量而紧密地分布于第二象限；近10年来天津和唐山的生态质量状况发展相似而在第三象限位置越来越接近。沧州、衡水和廊坊3市近10年来植被覆盖度有较大的提升而位置分布有所变动。2000~2010年，除唐山外，其他城市的生态质量均呈上升趋势。其中，承德、北京、秦皇岛和保定的生态质量要高于京津冀地区的平均生态质量。廊坊、天津和沧州的生态质量要明显低于平均水平。

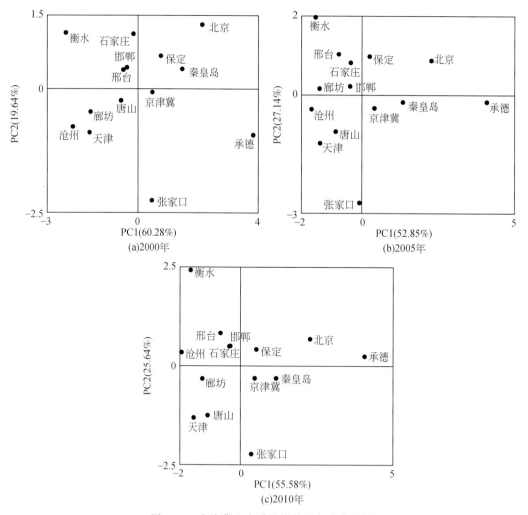

图4-31 京津冀生态质量指数的主成分分析

第5章 京津冀城市群环境质量及资源环境利用效率

第4章利用景观指数综合评估了京津冀城市群的生态质量，主要侧重于景观格局和植被尺度。本章则分别评价水、空气及土壤等方面的环境质量，同时进一步比较资源环境利用效率，以期更加全面地体现京津冀城市群在城市化进程中的生态环境演变特征。

环境质量即为环境的优劣程度，是环境系统客观存在的一种本质属性，是能够用定性和定量的方法加以描述的环境系统所处的状态（郭天配，2010）。5.1节将利用多项指标，来定性描述和定量分析京津冀城市群地表水环境、空气、土壤环境系统的变化情况，并构建环境质量指数，综合评估环境质量。因为环境质量数据获取难度较大，本节主要以环境质量数据相对齐全、环境问题突出的北京为例开展讨论。

环境质量是客观存在的，但认识客观世界是一个由浅入深、由表及里的过程（郭天配，2010）。从环境对人群的生存和繁衍及社会发展的适宜程度等方面考虑，单纯地比较水、空气、土壤环境的客观指标已不足以反映生态环境的综合特征，因此本章（5.2节）进一步分析了京津冀城市群2000～2010年的资源环境利用效率，来界定和反映环境质量的社会性演变特征。

资源环境利用效率，一般包含3层含义：①资源是否投向社会最需要的地方；②是否按照生产某种物品所必须耗费的资源量使用资源；③是否产生外部性，即在使用A资源时是否造成对B资源的破坏（蒙海娥，2012）。5.2节从水资源利用效率、能源利用效率和环境利用效率3方面，通过选取/构建合适的指标，综合评述了城市赖以发展的重要资源的利用效率。

5.1 环境质量

为了准确全面地评价京津冀城市群区域环境质量的演变特征，本节基于系统科学性、可操作性、动态可比性等原则，从空气、地表水、土壤等方面选取相关研究指标及数据，进行区域环境质量状况研究。因京津冀区域环境监测数据缺口较大，考虑到数据的有限性、代表性及可比性，多数的环境质量指标均以环境问题较为突出的北京为例进行说明。

在空气质量方面，由于研究时间段为2000～2010年，而空气质量新标准自2016年才开始实施，因此5.1.1节依据的仍是《环境空气质量标准》（GB3095—1996），研究城市的空气质量采用二级标准进行评价。本节采取的指标是空气质量达到及好于二级的天数占比（年），可以较为准确地表征该地区每年的空气质量状况，发现 2000～2010 年区域内各城市的该指标均有所上升，空气质量状况逐年好转。

在水环境质量方面，选取了多个水质参数进行评价，包括能反映水体主要情况的溶解氧（DO）、化学需氧量（COD_{Cr}）、高锰酸盐指数（COD_{Mn}）、生化需氧量（BOD）及氨氮（NH_3-N）等。数据来源于北京市环境保护监测中心，其中 COD_{Mn}、BOD 及 NH_3-N 等参数有 2000～2010 年的数据。结果表明，北京主要河流的污染物浓度在逐年下降，水质总体上有转好的趋势。在土壤环境方面，根据土壤中锰、铜、铅、锌等重金属含量，以及林丹、六氯苯、艾氏剂等有机氯农药含量与国家标准的比较可以直接反映出土壤的受污染程度。此外，利用酸雨频率和强度两个指标来表示酸雨产生的危害，其中频率为一年中酸雨天数所占比例，强度即为酸雨的 pH。由于水环境质量、土壤环境数据与酸雨指标数据的搜集难度较大，仅收集到北京的部分数据，因此主要以北京为例评价了这 3 项环境质量的特征。

在环境质量方面，利用环境质量指数，综合评价了京津冀地区的环境质量，但由于仅可以获取整个京津冀各地级市空气质量达到二级的天数，所以环境质量指数结果显示的是空气质量的变化情况。研究结果显示，京津冀城市群的环境质量整体上有提高的趋势，但在不同的城市，差异明显。

5.1.1 空气质量

通过比较 2000～2010 年京津冀地区空气质量达到及好于二级的天数占比（图 5-1），可以发现：总体来看，京津冀地区的空气质量呈东南平原区较差、西北山区较好的特征；平原区存在两大二级天数低值区域，分别为北京-天津区域和石家庄-邢台-邯郸区域。其中，空气质量相对较好的城市有秦皇岛、廊坊，基本保持在 80% 以上，2002 年以后更达到 90% 以上；其他如唐山、邢台、保定、张家口、承德、沧州、衡水在 2009 年以后也均达到 90% 以上。这种空间格局的形成可能是由于京津冀地区的地理特征，由西北向的燕山—太行山山系构造向东南逐步过渡为平原，呈现出西北高东南低的地形特点（梁增强，2014）。燕山与太行山系对该区域的主导风向产生了屏障作用，使得京津冀东南平原区全年各季节都处在风速较小的区域，不利于大气污染物的扩散和稀释。

由于京津冀地区广泛采取企业污染治理、产业结构调整、能源结构优化、扬尘污染整治、机动车污染控制、餐饮油烟及秸秆焚烧整治、城乡绿化美化、重污染天气应急应对等工程，使区域内各城市的空气质量状况逐年好转，空气质量大于二级标准天数占全年天数比例逐年上升。2005 年之前，京津冀各城市的二级天数比例差距较为悬殊，而到了 2010 年，大部分城市的二级天数比例均为 90% 左右，城市间差距明显减小。

各城市空气质量达二级天数所占比例在 2000～2010 年的增长速度也表现出明显的空间差异性，石家庄、邯郸、保定、承德等地区达到或好于二级天数增加较快，特别是在 2000～2005 年。例如，保定在 2000 年二级天数的比例是 23.56%，为全区域最低，但到 2010 年，二级天数的比例已经增加到了 90.68%，特别是 2002 年和 2004 年，二级天数比

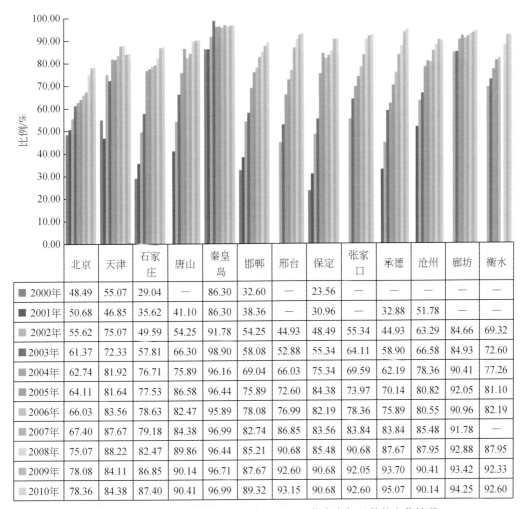

图 5-1　2000～2010 年京津冀城市群二级天数占全年天数的变化情况

	北京	天津	石家庄	唐山	秦皇岛	邯郸	邢台	保定	张家口	承德	沧州	廊坊	衡水
■2000年	48.49	55.07	29.04	—	86.30	32.60	—	23.56	—	—	—	—	—
■2001年	50.68	46.85	35.62	41.10	86.30	38.36	—	30.96	—	32.88	51.78	—	—
■2002年	55.62	75.07	49.59	54.25	91.78	54.25	44.93	48.49	55.34	44.93	63.29	84.66	69.32
■2003年	61.37	72.33	57.81	66.30	98.90	58.08	52.88	55.34	64.11	58.90	66.58	84.93	72.60
■2004年	62.74	81.92	76.71	75.89	96.16	69.04	66.03	75.34	69.59	62.19	78.36	90.41	77.26
■2005年	64.11	81.64	77.53	86.58	96.44	75.89	72.60	84.38	73.97	70.14	80.82	92.05	81.10
■2006年	66.03	83.56	78.63	82.47	95.89	78.08	76.99	82.19	78.36	75.89	80.55	90.96	82.19
■2007年	67.40	87.67	79.18	84.38	96.99	82.74	86.85	83.56	83.84	83.84	85.48	91.78	—
■2008年	75.07	88.22	82.47	89.86	96.44	85.21	90.68	85.48	90.68	87.67	87.95	92.88	87.95
■2009年	78.08	84.11	86.85	90.14	96.71	87.67	92.60	90.68	92.05	93.70	90.41	93.42	92.33
■2010年	78.36	84.38	87.40	90.41	96.99	89.32	93.15	90.68	92.60	95.07	90.14	94.25	92.60

例增长较快，分别增加了 65 天和 73 天，在 2005～2010 年，基本保持在 80% 以上。从二级天数占全年天数比例的增长幅度来看，秦皇岛和廊坊明显较小，其他城市在 2000～2006 年的增长幅度均较为显著，其中石家庄、唐山、邢台、保定及承德在 6 年间增长幅度超过了 40%。

北京的空气质量明显劣于其他城市，空气质量好于二级的天数占全年的比例从 2000 年的 48.49% 上升到 2010 年的 78.36%，整体呈现上升的趋势，但增长幅度小于区域内其他城市。尽管北京市人民政府采取大力控制煤烟型污染、控制机动车排气污染及控制扬尘污染等众多措施，但北京的二级天数比例增长较其他城市缓慢。

5.1.2 地表水环境

在 2000~2010 年，从主要水质指标的变化来看（表 5-1），北京主要河流的污染物浓度在逐年下降，DO 浓度整体逐渐升高，水质总体上有转好的趋势。尽管污染物浓度处于下降趋势，但除 COD_{Mn} 浓度在 2005 年和 2010 年显著下降外（$p<0.05$），其他污染物浓度年际间的差异都不显著（$p>0.05$）。

表 5-1　北京水质时间变化特征　　　　　　　（单位：mg/L）

水质指标	山区样点			城市样点			郊区样点		
	2000 年	2005 年	2010 年	2000 年	2005 年	2010 年	2000 年	2005 年	2010 年
DO	—	9.89	8.69	—	4.87	5.16	2.09	2.62	—
NH_3-N	0.13	0.24	0.24	19.38	16.66	12.25	9.70	29.30	16.60
BOD	2.25	1.90	2.35	58.82	34.01	22.39	29.70	81.80	99.70
COD_{Cr}	—	17.35	12.60	—	70.11	63.55	—	229.00	174.00
COD_{Mn}	1.95	3.15	2.93	22.89	18.00	11.72	20.00	25.10	23.40

在空间格局上，北京水体水质在地理位置上总体呈现西、北面优于东、南面的格局，主要原因是西、北面多山，为多数河流的发源地，且由于政府及环保部门的重视而保护得相对较好；而东、南面的水体主要为北京的排水通道，水质受城市化的影响较大。另外，由于京密引水渠的水引自密云水库，且沿途保护措施得当（密云水库至团城湖），因此水质较好。作为北京市区的主要用水来源，对市区内各湖泊、河流水补充及水净化作用明显。从评价结果来看，北京各水体的水质状况及变化主要表现为水质较好的水体，保持得较好，且有趋好趋势，而水质较差的水体，有进一步恶化的趋势，保护和治理的任务依然艰巨。

5.1.3 土壤环境

由于大范围的土壤数据需要野外采样实测，业务部门的专业数据较难获取，遥感也无法准确提取土壤环境指标等客观原因，仅收集到北京的部分数据，本小节以北京为例进行案例分析（图 5-2）。2010 年北京土壤环境质量整体较好，土壤中含量最高的重金属污染物为锰，为 581mg/kg，我国土壤全锰的含量在 10~9478mg/kg，平均为 710mg/kg（邢光熹和朱建国，2003），北京的土壤锰含量仍低于全国平均水平。其次为氟，为 527mg/kg，略高于我国氟的土壤背景值 453mg/kg（王云和魏复盛，1995），整体处于优良水平。土壤重金属中镉污染危害农产品质量安全，国内外关于镉的土壤环境标准值为 0.2~20.0mg/kg（王国庆等，2015），而北京的镉含量仅为 0.133mg/kg，低于最严格的比利时瓦隆地区农用地镉的背景值及我国《土壤环境质量标准》（GB15618—1995）一级土壤标准值 0.2mg/kg（于蕾，2015）。

2010 年北京土壤中含量最高的有机氯农药为 DDT，为 0.961mg/kg，其次为六六六，为 0.972mg/kg，同时林丹、六氯苯、艾氏剂、氯丹、狄氏剂、异狄氏剂、毒杀芬等有机氯农药也均有出现，但均未超过国家土壤环境对农药含量的污染水平，处于优良水平。

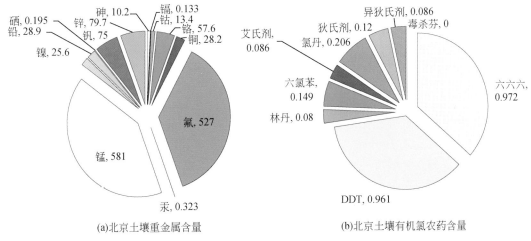

(a)北京土壤重金属含量　　　　　　(b)北京土壤有机氯农药含量

图 5-2　北京土壤质量（mg/kg）

5.1.4　酸雨强度与频率

酸雨对于整个自然环境（水体、土壤、森林等）、社会环境及人体健康的危害非常严重。但酸雨监测不属于常规监测数据，京津冀区域的大部分城市并没有将降水中的酸度测定作为逢雨必测项目，只有北京的酸雨数据为 2001～2010 年的连续数据。

2001～2010 年，北京的酸雨表现为频率升高和强度增大（图 5-3）。北京的酸雨频率总体升高，2001～2006 年酸雨频率总体保持在 20% 以下，尤其是 2006 年达到 10 年间的最

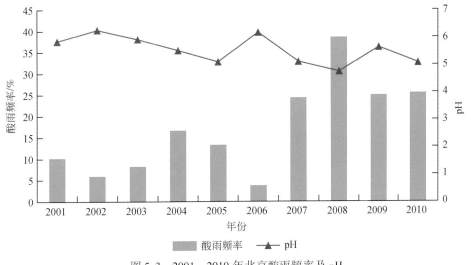

图 5-3　2001～2010 年北京酸雨频率及 pH

低值5%，2007～2010年酸雨频率均超过20%，尤其是2008年达到10年间的最高值，接近40%。在酸雨频率增加的同时，酸雨的强度也在增大，表现为酸雨的pH在波动中降低，由2001年的接近6降低到2010年的接近5，显现了近10年酸雨的危害正在逐渐加强。

5.1.5　环境质量综合评估

由于整个京津冀仅可以获取全区各地级市空气质量达到二级的天数，所以综合评估的结果显示的是空气质量的变化情况。从得到的环境质量指数来看（图5-4），京津冀城市群的环境质量整体上都在升高；但各个城市间有所差异，其中张家口、衡水、邢台、廊坊、承德、秦皇岛6个城市的环境质量指数超过了京津冀城市群的平均水平，其他城市包括北京、天津、唐山3个重点城市都处在平均水平以下。尤其是北京处于整个城市群的最低水平。

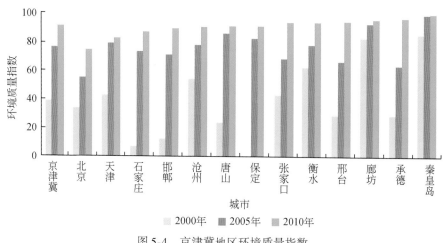

图5-4　京津冀地区环境质量指数

5.2　资源环境利用效率

为了进一步分析环境质量的社会经济性，本节从水资源利用效率、能源利用效率、环境利用效率3方面来评估2000～2010年京津冀地区资源环境利用效率的演变特征。

其中，水资源利用效率是指使用单位水资源所带来的经济、社会或者生态等的效益，因此选取单位GDP用水量来表示水资源的经济利用效率，人均水资源量来表征水资源的社会利用效率。结果显示，2000～2010年京津冀城市群水资源总量变化起伏大，水资源总量不足，人均水资源量则更为有限；各城市水资源利用效率整体呈现上升的趋势。

能源利用效率主要是指能源经济效率，表现为能源的投入与产出之间的比例关系（孙立成等，2008），本节主要选取煤炭的消费量作为投入指标，以GDP作为产出指标来进行能源利用效率分析，利用万元 GDP 能耗来表征，即为区域能源消费总量与地区生产总值的比值。数值越小，区域能源利用效率越大。结果表明，2005～2010 年京津冀城市群的能源消耗总量表现为显著上升的趋势，但是在城市群内部差异显著；在能源消耗总量上升的同时，整个城市群的能源利用效率却逐渐提升，表现为城市群的万元 GDP 能耗显著降低。

经济增长与环境负荷之间关系密切，环境负荷不仅指各种资源的消耗量，而且也可指各种废物的产生量（陆钟武，2007）。因此，在分析水资源和能源利用效率的基础上，本节还利用单位 GDP SO_2 排放量、单位 GDP COD 排放量、人均 SO_2、COD 排放量 4 个指标分析了环境利用效率。结果显示，单位 GDP SO_2 排放量在 2000～2010 年下降明显、单位 GDP COD 排放量也基本呈现逐年下降的趋势，且下降幅度较大；而人均 SO_2、COD 排放量的地区差异性较大，多数城市的人均 SO_2 排放量逐年下降。

综合水资源利用效率、能源利用效率及环境利用效率的指标，全面对比分析了京津冀地区各城市的资源环境利用效率，发现在城市化进程中，京津冀城市群的资源环境利用效率有很大程度的提升，但各个城市间提升速度有所差异。

5.2.1 水资源利用效率

2001～2010 年，京津冀城市群的水资源总量在 105.95 亿～213.48 亿 m^3（图 5-5），变化起伏比较大，2002 年的水资源总量最低，2008 年的水资源总量最高。10 年间京津冀城市群水资源总量的平均值为 164.19 亿 m^3。

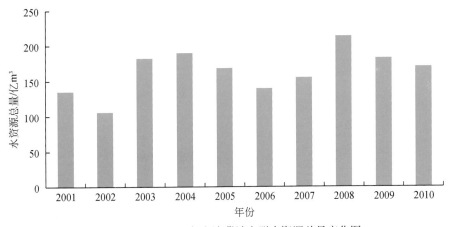

图 5-5 2001～2010 年京津冀城市群水资源总量变化图

京津冀地区不仅水资源总量不足，人均水资源量更加有限，已经成为制约区域经济和社会发展的主要瓶颈。根据统计年鉴数据显示（图 5-6），2001 年京津冀的总用水量为 269 亿 m^3，2010 年为 252 亿 m^3，平均每年减少 0.7%。2010 年总人口数为 9540.69 万人，年人均用水量仅为 225m^3，为全国人均用水量的 1/2，其中天津是全国除山西外年人均用水量最低的城市，为 194m^3；而人均水资源量更低，2010 年京津冀地区仅为 151m^3，为全国人均水资源量的 1/15，远低于国际公认的人均 500m^3 的"极度缺水"标准。

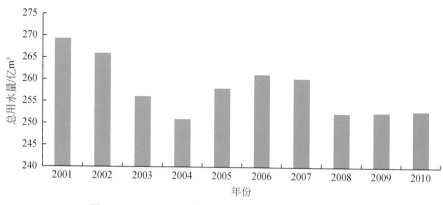

图 5-6　2001~2010 年京津冀城市群总用水量变化图

图 5-7 直观地反映了京津冀地区单位 GDP 水资源利用效率的变化关系：整体上呈现下降的趋势，其中 2000~2005 年下降速度大于 2005~2010 年。从平均值来看，天津、廊坊、衡水、北京等市的水资源利用效率均高于平均值。从各城市来看，邢台和邯郸的单位 GDP 用水量下降趋势最为明显，说明邢台和邯郸水资源利用效率提升速度高于其他城市，主要是这两个城市在 2000 年水资源利用效率相对其他城市较低，提升空间很大；天津的单位 GDP 用水量有缓慢的下降趋势，水资源利用效率提升速度比较慢，与天津在 2000 年的水资源利用效率已经达到了很高的水平有关。

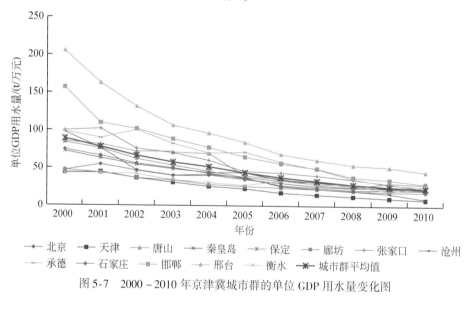

图 5-7　2000~2010 年京津冀城市群的单位 GDP 用水量变化图

5.2.2　能源利用效率

京津冀城市群的能源消耗量表现为显著上升的趋势，但是在城市群内部各城市差异显著（图 5-8），从 2005~2010 年的能源消耗可以看到，2005 年京津冀的能源消耗总值为

29 347.53 万 tce，到 2010 年为 44 408.87 万 tce，平均每年增长 10.26%。2005～2010 年，京津冀 GDP 总值的增长速度高于能源消耗总值的增长速度，GDP 增长与能源消费增长的弹性系数约为 2.24。

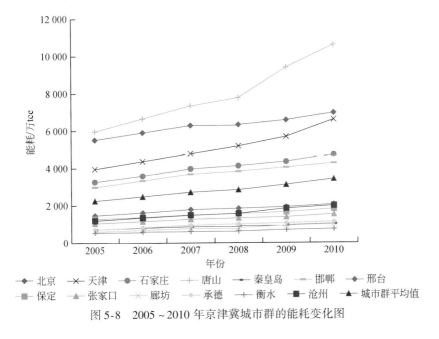

图 5-8　2005～2010 年京津冀城市群的能耗变化图

在能源消耗总量上升的同时，整个城市群的能源利用效率却逐渐提升，表现为城市群的万元 GDP 能耗显著降低（图 5-9）。2005～2010 年京津冀地区各市的万元 GDP 能耗都呈现出下降的趋势，京津冀地区万元 GDP 能耗的平均值从 2005 年的 1.87tce，下降到 2010

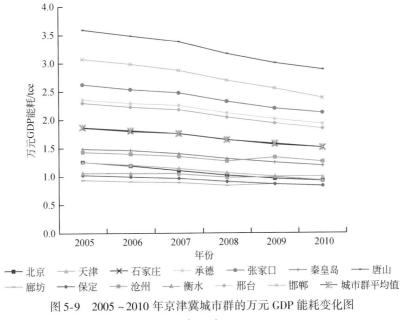

图 5-9　2005～2010 年京津冀城市群的万元 GDP 能耗变化图

年的 1.51tce，平均每年减少 3.83%；而 2005 年全国平均万元 GDP 能耗为 1.41tce，2010 年为 1.14tce，因此京津冀地区的能源利用效率略低于全国水平。其中，2005~2010 年的 5 年间，唐山的万元 GDP 能耗在京津冀地区各市中一直是最高的，其次是邯郸、张家口、承德和邢台，且均高于平均值，而廊坊、保定等市的万元 GDP 能耗没有很明显的变化，且一直处在较低的状态。

5.2.3　环境利用效率

环境利用效率的具体指标为单位 GDP SO_2 排放量、单位 GDP COD 排放量及人均 SO_2、COD 排放量，选取 2000 年、2005 年、2010 年的 SO_2、COD 排放量并对该两项指标逐个进行环境利用效率分析。

SO_2 排放量主要以工业排放为主。唐山、天津作为重要的工业城市，也是京津冀区域内 SO_2 排放量的主要地区；邯郸、石家庄、张家口、北京等地方次之；衡水、秦皇岛、廊坊、沧州等地区 SO_2 排放量最少。北京由于城市规模较大，人口众多，生活 SO_2 排放量较其他地区高。

2000~2010 年京津冀各地区积极采取加强燃煤污染控制措施，实施火电企业脱硫设施烟气旁路挡板铅封行动，开展电力燃煤锅炉脱硫治理工程，积极推进 SO_2 污染治理，使区域内的 SO_2 排放量基本呈现下降趋势（图 5-10）。

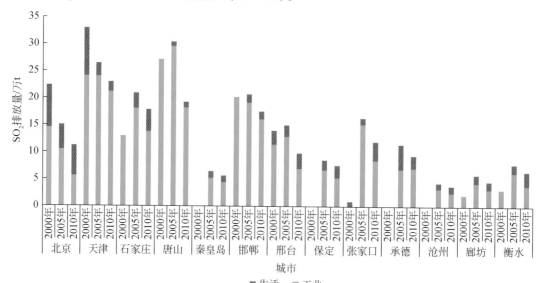

图 5-10　2000~2010 年京津冀城市群 SO_2 排放量

京津冀地区单位 GDP SO_2 排放量在 2000~2010 年下降明显（图 5-11）。例如，邯郸单位 GDP 工业 SO_2 排放量从 2000 年的 37.3kg/万元逐年下降到 2010 年的 6.85kg/万元。其中，邯郸、张家口及邢台单位 GDP SO_2 排放量为该地区最高，表明这些地区每万元产值排放的 SO_2 浓度较高，环境利用效率相对较低；唐山单位 GDP SO_2 排放量次之，秦皇岛、天津、廊坊及保定的单位 GDP SO_2 排放量相对较低。北京为地区最低，其单位 GDP SO_2 排放量从 2000 年的 9.0kg/万元下降到 2010 年的 0.8kg/万元，下降了 91%，下降速度较其他地区明显，表明北京的环境利用效率较高且提高很快。另外，天津、唐山的单位 GDP SO_2 排放量为区域内较高水平，但天津的单位 GDP SO_2 排放量从 2000 年的 20.1kg/万元下降到 2010 年的 2.4kg/万元，下降了 89%；而唐山的单位 GDP 工业 SO_2 排放量从 2000 年的 29.7kg/万元下降到 2010 年的 4.1kg/万元，两个地区下降速度较其他地区明显，表明天津、唐山经过不懈的努力，对环境利用的效率在逐年提高。

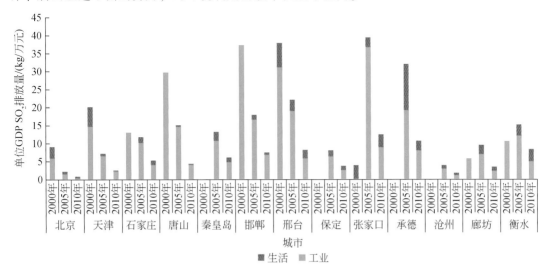

图 5-11　2000~2010 年京津冀城市群单位 GDP SO_2 排放量

　　人均排放量也可反映一个地区的资源环境利用效率（图 5-12）。区域内人均 SO_2 排放量较高的地区为唐山，其次为张家口、天津和承德等地区，保定、沧州的人均 SO_2 排放量最低，表明保定、沧州的环境利用效率高于其他地区。

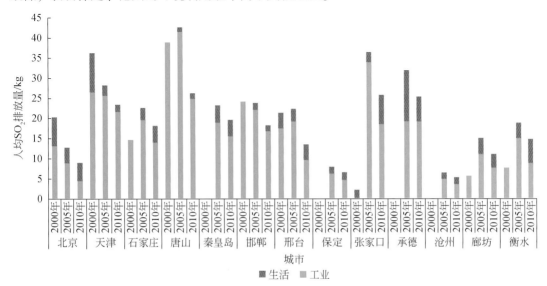

图 5-12　2000~2010 年京津冀城市群人均 SO_2 排放量

COD 排放量主要为生活排放，但石家庄、唐山以工业排放为主（图 5-13）。北京、天津、石家庄、唐山是京津冀区域内主要的 COD 排放地区，其中北京以生活排放为主，占全部 COD 排放量的 90% 以上。天津生活、工业排放量都较大，而石家庄、唐山的工业排放量高于生活排放量。石家庄、唐山地区的 COD 排放量基本呈逐年下降的趋势，北京的生活 COD 排放量在 2003 年升高后又逐年下降，而工业 COD 排放量始终呈下降趋势。天津工业和生活 COD 排放量在 2005 年升高后也都在逐年下降。

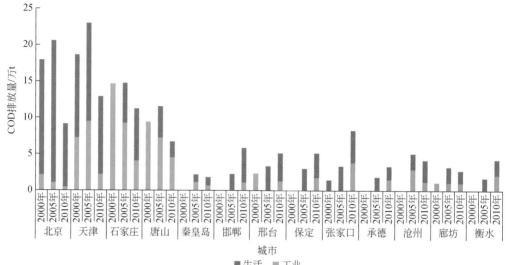

图 5-13　2000～2010 年京津冀城市群 COD 排放量

京津冀各地区的单位 GDP COD 排放量也基本呈现逐年下降的趋势，且下降幅度较大（图 5-14）。其中，下降最为明显的是石家庄，其单位 GDP 工业 COD 排放量从 2000 年的

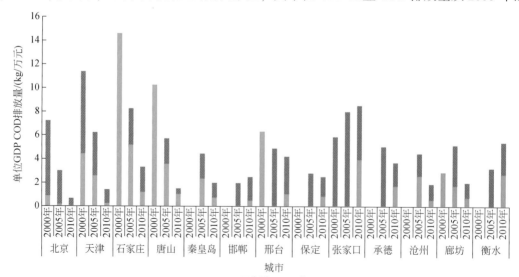

图 5-14　2000～2010 年京津冀城市群单位 GDP COD 排放量

14.6kg/万元下降到 2010 年的 1.2kg/万元, 下降了近 92%。另外, 单位 GDP COD 排放量较高的地区包括石家庄、唐山等。主要表现为单位 GDP 工业 COD 排放量较高, 与其排放量基本保持一致。而张家口生活 COD 排放总量虽然相对较低, 但单位 GDP 生活 COD 排放量较高, 表明张家口的环境利用效率相对较低, 可以通过调整和优化资源利用结构等, 以进一步提高利用效率。

北京、天津、石家庄、唐山的人均 COD 排放量高于其他地区 (图 5-15)。其中石家庄、唐山人均 COD 排放量以工业为主, 2000 年, 其人均工业 COD 排放量分别达到 16.5kg 和 13.4kg。其他地区均以生活排放为主。与排放量类似, 北京人均生活 COD 排放量为区域内最高, 在 2005 年达到 16.5kg。

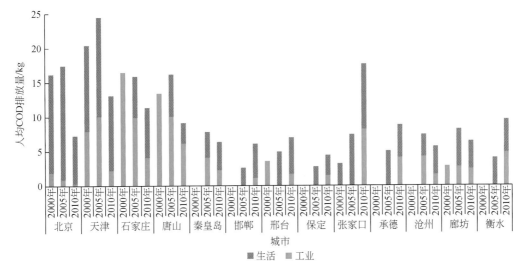

图 5-15　2000～2010 年京津冀城市群人均 COD 排放量

COD 等污染物的排放量逐年下降主要是区域内各城市努力控制污染源与大力治理排污的结果。河北省通过省市县三级环保部门加强工业污染源的监督检查, 继续开展了环境污染有奖举报和严肃查处环境违法行为专项行动, 严厉打击各种环境违法行为, 并按照产业结构调整和环境保护的需要, 关闭了一批不能稳定达标的生料造纸厂等落后产能企业, 并积极推行以循环经济和清洁生产为导向的先进、科学的生产模式, 提高企业的能源、资源利用效率, 减少环境污染。同时, 按照《海河流域水污染防治规划》和《渤海碧海行动计划》, 强化重点排河企业的整治。北京通过水系整治行动、划分水体功能区及努力提高污水处理能力等措施, 使城市中心区水系水质基本达到相应功能要求, 城市下游河道水质有所改善; 天津通过继续实施"碧水工程"及深入推动《海河流域水污染防治"十五"计划》和《渤海碧海行动计划》项目, 使污染物排放得到较好的控制。

5.2.4　资源环境利用效率综合评估

为了综合评估水资源利用效率、能源利用效率及环境利用效率, 并使表征各项利用效率的 6 个指标具有可比性，本小节对京津冀区域各个城市的 6 个指标值分别进行了标准化处理，得到的结果可以全面反映出每个城市资源环境利用效率的特点及城市间各项利用效率的差异（图 5-16）。

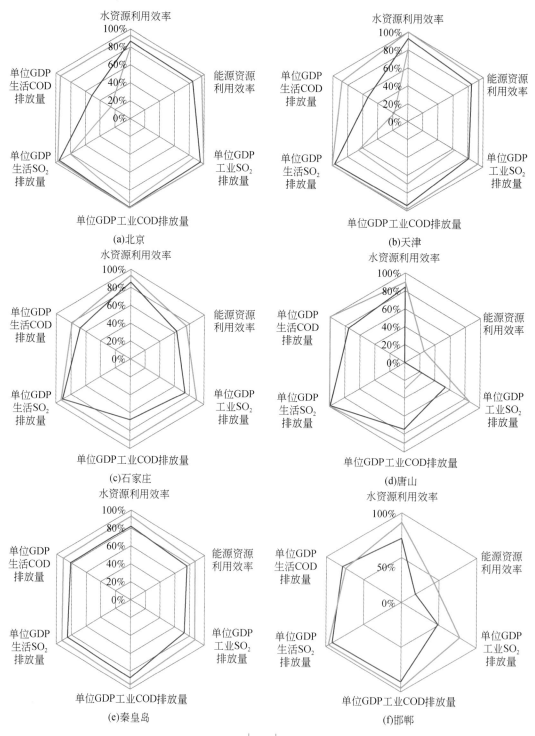

(a)北京

(b)天津

(c)石家庄

(d)唐山

(e)秦皇岛

(f)邯郸

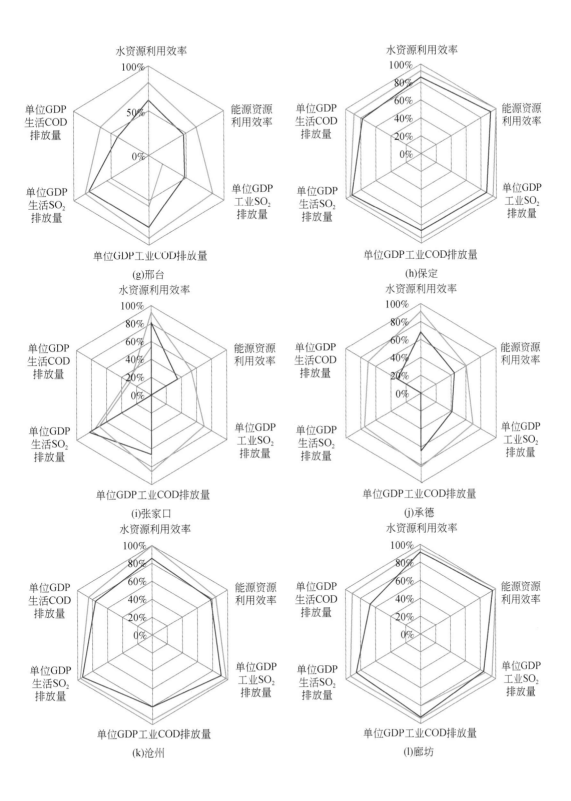

(g)邢台

(h)保定

(i)张家口

(j)承德

(k)沧州

(l)廊坊

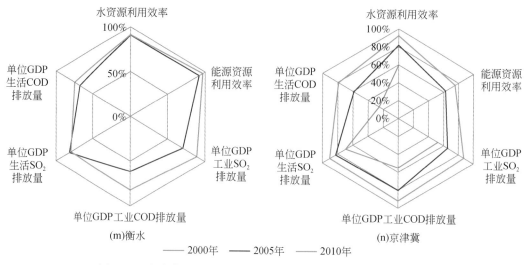

图 5-16 京津冀地区水资源、能源利用效率及环境利用效率比较

总体来看，京津冀城市的资源利用效率在逐年提高，生活 COD 排放效率提高速度最快。北京、天津、石家庄、秦皇岛、保定、廊坊、沧州等城市的资源利用效率较高，2005年以后基本达到 80% 以上，但 2005 年前，北京、天津生活 COD 排放效率偏低。邯郸、邢台、承德、张家口的资源利用效率低于其他城市，到 2010 年尚不到 80%。分析表明，邯郸的水资源利用效率及污染物排放效率较高，但能源利用效率偏低，唐山也有类似的特征。例如，在 2010 年时邯郸最高也只有约 43.6%，而唐山的能源利用效率为 26%，远低于其他城市。邢台、承德的能源利用效率和生活 COD 排放效率较低。尽管能源利用效率较低，但邯郸、邢台及张家口的工业 SO_2 排放效率提高速度快于其他资源利用效率。承德生活 SO_2 排放效率提高速度快于其他资源利用效率。衡水的能源及水资源利用效率高于其他污染物排放效率。

随着城市化程度的提高，大气、水及能源的利用效率均有所提高（表 5-2）。其中，资源环境利用效率、水资源利用效率及单位 GDP 工业 COD 排放量受人口城市化因素驱动较大，而单位 GDP SO_2 和生活 COD 排放量主要受土地城市化影响较大。同时，单位 GDP 工业 SO_2 排放量也受人口城市化影响较大。综合土地、人口和经济，城市化影响资源环境的利用效率，主要包括工业污染物排放效率及水资源利用效率。因此，人口城市化是资源环境利用效率的主要影响因素。

通过京津冀城市群 2000 ~ 2010 年的资源环境利用效率指数变化（图 5-17），可以发现京津冀城市群的资源环境利用效率有很大程度的提升，但各个城市间提升速度有所差异。其中，北京、天津和河北省廊坊的资源环境利用效率均高于京津冀城市群的平均水平，显示出不同城市化水平下资源环境利用效率的差异性。

表 5-2　城市化对各项资源利用效率的影响

城市化		资源环境利用效率	水资源利用效率	能源资源利用效率	单位 GDP 工业 SO_2 排放量	单位 GDP 工业 COD 排放量	单位 GDP 生活 SO_2 排放量	单位 GDP 生活 COD 排放量
土地	斜率	1.62	-2.36	-0.04	-0.91	-0.16	-0.30	-0.160
	截距	53.56	78.86	2.22	22.59	4.87	6.15	5.300
	相关系数（R^2）	0.16	0.09	0.10	0.18	0.07	0.32	0.200
人口	斜率	0.63	-1.12	-0.01	-0.24	-0.07	-0.05	0.005
	截距	50.58	89.98	2.24	20.33	5.59	4.31	3.210
	相关系数（R^2）	0.25	0.21	0.09	0.16	0.15	0.07	0.002
经济	斜率	0.64	-0.87	-0.02	-0.29	-0.08	-0.05	0.010
	截距	47.55	85.48	2.45	22.81	6.04	4.64	3.046
	相关系数（R^2）	0.11	0.06	0.09	0.11	0.09	0.05	0.003
综合	斜率	1.06	-1.73	-0.03	-0.44	-0.12	-0.09	-0.008
	截距	42.31	100.18	2.47	24.12	6.37	5.36	3.620
	相关系数（R^2）	0.24	0.17	0.11	0.18	0.15	0.11	0.002

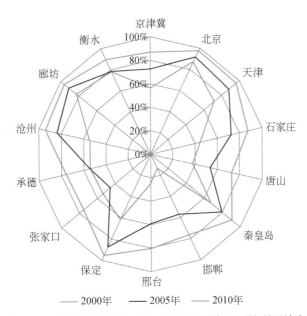

图 5-17　京津冀城市群 2000～2010 年的资源环境利用效率

第6章 京津冀城市群生态环境胁迫特征与演变

人类的生存和发展依赖于自然环境，同时又极大地影响和改变着自然环境（苗鸿等，2001）。随着生产力水平的进步和城市化的发展，人类活动对城市与区域生态环境的干扰程度不断提高，其中城市化是干扰自然生态环境最剧烈的人类活动之一。面对日益严重的资源与生态环境的胁迫压力，如何协调城市化与生态环境的关系是目前学术界和政府决策部门普遍关注、亟待解决的一大难点问题，并上升为世界性的战略问题（方创琳等，2016）。结合第4章和第5章对京津冀城市群生态环境质量的分析，本章则主要揭示城市化对京津冀城市群生态环境的胁迫效应。

随着全球城镇化的发展和我国新型城镇化战略的实施，京津冀地区凭借资源、交通、政治、地理区位等优势，已经成为我国北方最重要的经济中心和国家新型城镇化的主体区。但是，过去不合理的资源掠夺方式、不可持续的经济发展模式导致京津冀地区成为生态环境问题最突出的区域之一。特别是近年来的大气污染问题异常突出，有报道指出在2013年5~12月京津冀13个城市的空气质量月平均超标天数比例达65.7%，远远高于长三角地区（38.6%）和珠三角地区（32.8%）。另外，水资源问题也是困扰京津冀城市群健康可持续发展的主要瓶颈（封志明和刘登伟，2006）。因此，京津冀城市群是研究城市化对生态环境胁迫的典型区域。

生态环境胁迫是指人类活动对自然资源和生态环境构成的压力，可能导致生态系统发生变化、产生响应或功能退化与失调等问题（苗鸿等，2001；曹园园等，2015）。本章筛选了人口密度、经济活动强度、水资源开发强度、能源利用强度、大气污染、水污染、热岛效应七大类典型指标，对2000~2010年京津冀城市群的生态环境胁迫进行了定量评价。

6.1 人口密度

人是城市化经济活动的主体（孙铁山等，2009），也是当前生态环境胁迫的主要驱动力（孙峰华等，2013）。人类活动和人口数量的变化会显著影响生态环境（孙峰华等，2013）。例如，王坤等（2016）在北京的研究发现，2000~2010年城市远郊区人口密度减少有利于当地植被覆盖状况的恢复。此外，人口数量还与GDP、建城区面积等社会经济因素有较强的相关性（刘沁萍，2013）。Mariwah等（2016）研究指出，人口增长带来的住房需求和社会经济活动对土地覆盖变化有显著影响。因此，人口数量与人口密度通常作为反映人类活动强度的重要指标，来研究城市化对生态环境的胁迫（王坤等，2016）。考虑到数据的连续性和统一性，本节选择《中国城市统计年鉴》的年末总人口来开展分析。

京津冀城市群的人口密度在过去 10 年里呈现出上升的变化趋势，从 2000 年的 483.45 人/km² 上升到了 2010 年的 538.30 人/km²，增长了 54.85 人/km²（图6-1）。其中，北京、邯郸和天津的上升趋势最为明显，分别增长了 107.51 人/km²、103.65 人/km² 和 72.36 人/km²，特别是 2008 年，北京的人口密度比 2000 年增长了 133.13 人/km²。张家口和承德的人口密度增长最慢，分别增长了 4.35 人/km² 和 4.75 人/km²。到 2010 年，天津的人口密度最高，其次是邯郸和北京。其中，承德和张家口的人口密度最低，其次是秦皇岛。其中，天津的人口密度是承德的 8.88 倍。

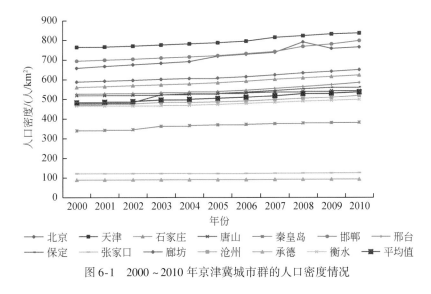

图 6-1　2000～2010 年京津冀城市群的人口密度情况

京津冀城市群市区的人口密度平均值略有上升（图6-2），从 2000 年的 2659.66 人/km² 上升到了 2010 年的 2767.33 人/km²，增长了 107.67 人/km²。2000～2004 年呈现上升的趋势，而 2004～2009 年呈现出下降的趋势，从 2009 年又出现了上升的趋势。其中，变化最明显的是衡水，市区人口密度从 2004 年的 8890.00 人/km² 迅速下降到了 2006 年的 1684.62 人/km²。原因是衡水在 2004 年后对市辖区进行了调整，市区面积从原有的 50km² 上升到了 2006 年的 273km²，增长了约 4.5 倍，导致衡水市区人口密度急剧变化，进而也影响了整个京津冀城市群市区人口密度的平均值。与之相对，张家口在过去 10 年间的人口密度增长速度最快，每年增加约 200 人/km²。市辖区调整也是导致其人口快速增加的主要原因。从人口稠密来看，石家庄和邢台的市区人口密度一直是京津冀平均值的 1.5～2 倍。而承德、北京和天津的市区人口密度整体上变化不大，一直处于较低的水平，约是平均值的 1/2。

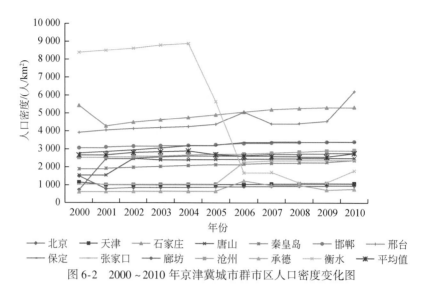

图 6-2　2000~2010 年京津冀城市群市区人口密度变化图

6.2　经济活动强度

生态环境胁迫主要源于高强度的人类活动，而经济活动恰好是一个可定量化的直观表征指标。土地利用效率是一个反映土地经济产出的综合指标，是研究城市经济效活动强度的关键指标（李永乐等，2014）。土地利用效率通常使用单位土地面积的 GDP 产出来衡量（孙平军等，2012；贝涵路等，2009；王海涛等，2013）。

2000~2010 年，京津冀城市群的土地利用效率，即单位土地面积 GDP，呈现出大幅度增长的趋势，从 2000 年的 533.57 万元/km² 上升到了 2010 年的 1796.18 万元/km²，每年增长 23.66%（图 6-3）。其中，天津和北京的单位土地面积 GDP 最高，承德和张家口最低。2010 年天津的单位土地面积 GDP 约是整个城市群平均值的 3.15 倍，是承德的 6.24 倍。从增长趋势看，天津和承德的上升趋势最为明显，年增长高达 28.35% 和 23.56%。

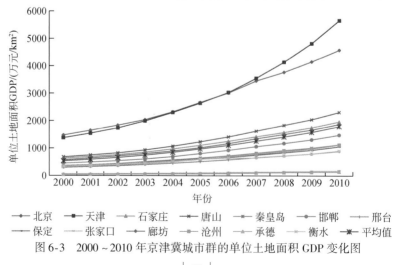

图 6-3　2000~2010 年京津冀城市群的单位土地面积 GDP 变化图

2000～2010 年，与整个城市群变化趋势类似，市区的土地利用效率也呈现出明显的上升趋势，从 2000 年的 4256.04 万元/km² 上升到了 2010 年的 10 721.26 万元/km²，10 年间增长了 6465.22 万元/km²（图 6-4）。其中，变化最为明显的是衡水，2000～2004 年单位土地面积 GDP 保持着快速的增长，约是京津冀城市群平均值的 2.3 倍，然而在 2004～2006 年出现了断崖式的下降，从 15 855.89 万元/km² 下降到 3565.30 万元/km²，下降幅达高达 77%。其原因也是衡水在 2004 年前后开展的市辖区调整。石家庄市区的单位土地面积 GDP 一直保持着高速的增长态势，由于衡水单位土地面积 GDP 的迅速下降，石家庄从 2005 年超越衡水后，一直保持第一。到 2010 年，石家庄的单位土地面积 GDP 约是平均值的 2.66 倍。其余城市的单位土地面积 GDP 增长趋势基本相同，都保持增长的态势。承德的单位土地面积 GDP 处于最低水平，且呈现波动上升。北京和天津市辖区的单位土地面积 GDP 一直低于平均值，约是平均值的 1/2，其中大津略高于北京。与北京和天津相比，石家庄的单位土地面积 GDP 一直比较高的原因是石家庄市区大部分是社会经济条件相对发达成熟的建成区，而北京和天津的市区不仅包括建成区，还包括经济欠发达的远郊区，如北京市区包括以农业为主的平谷区等。

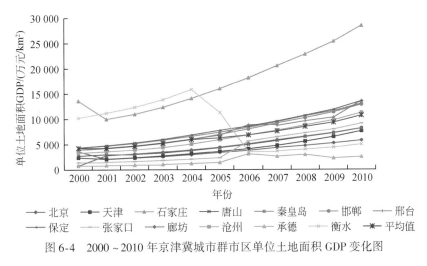

图 6-4 2000～2010 年京津冀城市群市区单位土地面积 GDP 变化图

6.3 水资源开发强度

水资源开发强度是指区域实际用水总量占水资源可利用总量的比重（王杰青，2012）。它能够体现人类活动对水资源的干扰和利用程度，是一个表征生态环境胁迫的重要指标。

京津冀城市群水资源开发强度很高，但是城市群内部各个城市之间的差异显著（图 6-5）。2001～2010 年，京津冀城市群水资源开发强度有所下降，但是仍然保持很高的水平。除了承德和张家口的水资源总量能基本满足本市的用水量外，其他城市的用水总量均高于水资源总量，大部分处在 100%～300% 的水平。其中，衡水的水资源开发强度最高，远远超出其他城市，2002 年衡水的用水量更是达到水资源总量的 9.69 倍，为 10 年间最高值。事实上，京津冀区域所在的海河流域，是我国 1997～2009 年中国水流域水资源利用强度最大的流域（王杰青，2012）。在季风气候的影响下，该地区降水量较少，水资源匮乏，加上城市化快速发展对水资源的需求增加，这些自然和人为因素的共同作用，导致京津冀城市群的水资源开发强度普遍较大。

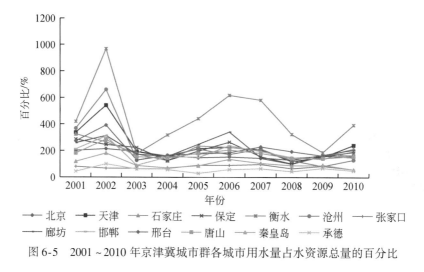

图 6-5　2001~2010 年京津冀城市群各城市用水量占水资源总量的百分比

6.4　能源利用强度

单位土地面积能源利用强度是指单位土地面积上所消耗的能量，是衡量一个地区节能效益的指标。类似于单位建筑面积能耗，它也是考核节能减排的重要指标。一般按标准煤折算，单位土地面积能耗的单位是 tce/km^2。与北京、天津不同，河北省对能源利用数据的统计从 2005 年才开始系统的整理和记录。为了保持各城市的时间统一性，本节仅分析 2005~2010 年京津冀各城市的能源利用强度（图 6-6）。

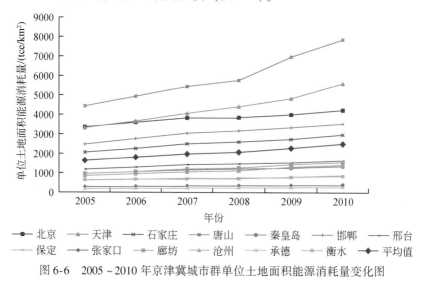

图 6-6　2005~2010 年京津冀城市群单位土地面积能源消耗量变化图

2005～2010 年，京津冀城市群单位土地面积能源消耗总量的平均值从 2005 年的 1641.80tce/km²，上升到 2010 年的 2509.18tce/km²，平均每年上升 10.57%。京津冀地区各市的单位土地面积能源消耗总量均呈现出上升的趋势，其中，唐山的单位土地面积能源消耗总量一直最高，其次是天津、北京、邯郸和石家庄，且均高于平均值。城市单位土地面积能源消耗总量与其产业结构、经济活动强度、人口密度和生活水平密切相关。例如，唐山和邯郸，大量的钢铁冶炼工业消耗了大量的煤炭，而北京和天津，较高的经济活动强度、人口密度和生活水平导致了较高的能源消耗。相比而言，以农业为主的衡水、廊坊等市，单位土地面积能源消耗总量相对较低，且变化较小。

6.5 大气污染

大气污染是京津冀城市群最受人们关注的生态环境问题之一。2003～2012 年 PM_{10} 和 SO_2 是京津冀大气污染的首要污染物（梁增强等，2014）。从 2012 年开始监测 $PM_{2.5}$ 起，$PM_{2.5}$ 成为京津冀大气污染的首要污染物。京津冀城市群的大气污染主要源于燃煤、机动车和工业等方面，其中工业污染对大气环境的影响最大。2012 年京津冀工业 SO_2 排放量占 SO_2 排放总量的 91.2%；工业烟粉尘排放量占烟粉尘排放总量的 82.6%。由于空气污染数据的搜集难度较大，本节仅以 SO_2 和烟粉尘作为代表指标进行分析。

京津冀单位土地面积 SO_2 排放量呈整体降低的趋势，但仍远高于全国的平均水平（图6-7）。到 2010 年，北京的单位土地面积 SO_2 排放量减少为 5830kg/km²、天津减少为 19 379 kg/km²、河北省减少为 7447kg/km²，但仍是全国平均值（2310 kg/km²）的 2.5～8.5 倍。从污染类型看，京津冀城市群 SO_2 排放以工业 SO_2 排放为主，这与产业类型密切相关。钢铁、石油产业相对发达的唐山、天津的单位土地面积 SO_2 排放量较高，相比之下，以农业、旅游业为主的张家口、承德的单位土地面积 SO_2 排放量比廊坊、衡水低。

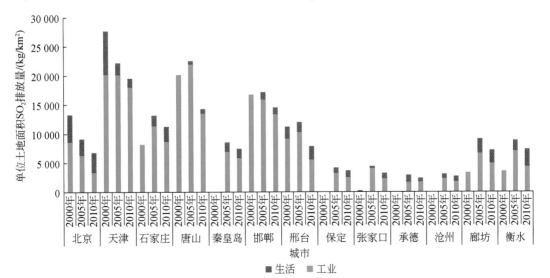

图 6-7　2000～2010 年京津冀城市群单位土地面积 SO_2 排放量

2000～2010 年京津冀城市群 SO_2 排放呈现减少趋势，其中北京和天津的单位土地面积 SO_2 减少最明显，主要与国家政策和减排措施有关。2000 年国家出台了《中华人民共和国大气污染防治法》，北京市人民政府也陆续采取了 16 项控制大气污染物排放紧急措施，开展了锅炉（炉型）改造、提高煤炭质量、散煤整治、集中供热、能源结构调整等措施（程念亮等，2015）；天津自 2004 年 7 月 1 日起施行了《天津市建设项目环境保护管理办法》，2005 年 12 月 15 日起施行了《天津市关闭严重污染小化工企业暂行办法》（梁增强等，2014）。这些措施的有效实施对缓解及改善大气污染问题起到了积极和关键作用。

由于城市化快速发展，建成区是交通、人口和产业的密集区，也是人类活动、能源消耗及大气污染最主要的区域，因此单位建设面积 SO_2 排放量能进一步反映建成区受到的生态环境胁迫。对比京津冀的各个城市，承德、张家口的单位建设面积 SO_2 排放量高于其他地区（图 6-8），这与其单位土地面积 SO_2 排放量的排序不同，主要是因为承德、张家口的建设面积占全市面积比例偏低。例如，2000 年承德的建设面积比例仅有约 1.4%，而 SO_2 排放量最高的天津，其 2000 年建设面积比例达到 15%。因此结果表明，承德、张家口建成区的空气质量较差，而保定、沧州的建成区相对较好。整体上，京津冀各个城市的单位建设面积 SO_2 排放量均呈现出降低的趋势，表明各城市建成区的空气质量都在好转。

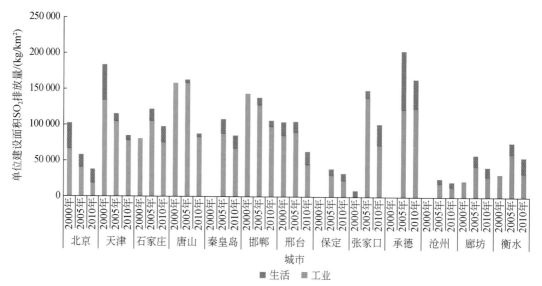

图 6-8　2000～2010 年京津冀城市群单位建设面积 SO_2 排放量

京津冀城市群的烟粉尘排放以工业排放为主，生活烟尘相对较少（图 6-9）。其中，唐山的工业烟粉尘排放量区域最高，其排放量在 2005 年达到京津冀的历年最高值 38 万 t 以上，约占当年全区域工业烟粉尘排放量的 1/3；石家庄、邯郸等市的工业烟粉尘排放量也相对较高。相比之下，保定、沧州的烟粉尘排放量长期处在较低的水平，一直低于 5 万 t。2000～2010 年京津冀的烟粉尘排放量总体上呈减少趋势。从变化趋势看，石家庄的工业烟粉尘排放量下降最明显,从 2000 年的 27.7 万 t 下降到 2010 年的 4.64 万 t,减少了 83%。其次,唐山前 5 年的工业烟粉尘排放量显著增加,后 5 年从 38.4 万 t 下降到 17.1 万 t,减少了 55%。其余城市也均呈现出减少趋势,主要原因是国家政策、政府监管、技术改造、产业升级等因素的共同影响。例如,以 2001 年北京申奥成功为契机,京津冀各城市均采取了行政、法律、科技、经济等一系列环境质量综合措施,通过实施火电、钢铁、水泥、石化等行业脱硫脱硝、控制颗粒物,对于减少大气污染物排放起到了关键作用(梁增强等,2014)。

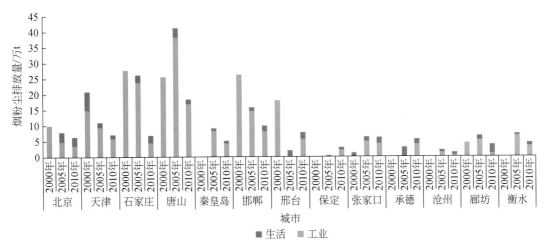

图 6-9　2000~2010 年京津冀城市群烟粉尘排放量

京津冀城市群的单位土地面积烟粉尘排放量也呈现下降趋势(图 6-10)。其中,石家庄的单位土地面积工业烟粉尘排放量下降最显著,从 2000 年的 17 458.9 kg/km² 下降到 2010 年的 2927.4 kg/km²。保定、张家口、承德、沧州等地区的单位土地面积烟粉尘排放量较少,均低于 2000 kg/km²,表明这些地区受到的空气污染胁迫相对较小。各市广泛开展的环境污染综合治理和产业升级等措施,是控制空气质量恶化进而逐步改善的主要原因。

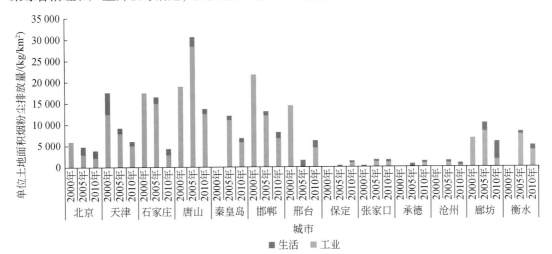

图 6-10　2000~2010 年京津冀城市群单位土地面积烟粉尘排放量

6.6 水 污 染

京津冀城市群所在的海河流域是全国水质最差的流域（中华人民共和国水利部，2014）。该区域水质污染的主要超标项目是：NH_3-N、COD、COD_{Mn}、挥发酚和 DO（水利部海河水利委员会，2001）。其中，COD 是评价水体污染程度的综合性指标，是水质监测中表征有机污染物的必测项目（柯细勇等，2011）。COD 值越高，污染越严重。考虑到数据的代表性和和可获取性，本节选取了 COD 排放量对京津冀的水质情况进行分析。

京津冀各地区的单位土地面积 COD 排放量差异比较显著（图6-11），其中天津的单位土地面积 COD 排放量为区域内最高，2005 年达到区域的最高值 19 288kg/km²，其次为北京、石家庄、唐山。其余城市的单位土地面积 COD 排放量相对较低，表明 COD 排放量对这些地区的水环境胁迫相对较小。从变化趋势看，京津冀部分城市的水污染状况呈现从恶化到改善的变化趋势。其中，经济相对发达城市的单位土地面积 COD 排放量呈现出先上升再减少的倒"U"形，符合环境库兹涅茨曲线的特征，如北京、天津、石家庄、唐山和秦皇岛。然而，其余城市依然保持着持续增长的趋势，说明京津冀城市群的水质污染问题依然严峻。

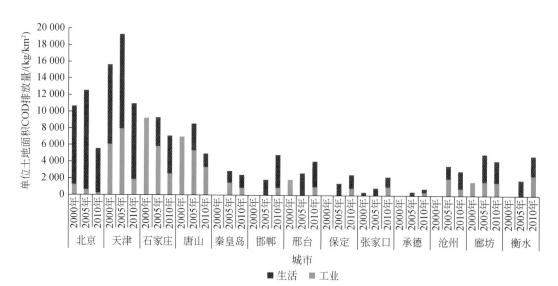

图6-11　2000～2010 年京津冀城市群单位土地面积 COD 排放量

6.7 热岛效应

城市热岛效应是指城市内部的空气温度或者地表温度明显高于城市外围郊区的现象（白杨等，2013）。由于城市下垫面的急剧变化和城市人为热排放的快速增加，京津冀地区的热岛效应受到了广泛重视（季崇萍等，2006）。城市热岛效应不仅会增加城市的能耗和水耗、影响空气质量、改变物候，还会影响人体的舒适度和人群健康，是阻碍城市发展和人类生存质量提高的重要因素。长时间序列的 MODIS 遥感数据集能够较好地揭示城市热岛的空间分布特征和时间变化趋势，常被用于研究城市热岛的时空变化特征（刘师东等，2016）。鉴于此，本节采用 MODIS 数据对京津冀地区的热岛现象进行分析。

2000～2010 年京津冀城市群各城市之间热岛强度及其变化趋势的差异均比较大（图6-12）。两个直辖市中，北京的热岛效应在整个城市群中一直处于较高的水平，10 年间先小幅降低后又小幅升高，表现了较为稳定的热岛强度水平；天津的热岛强度波动较大，先大幅增加而又大幅降低，在 2005 年热岛强度达到最大值。河北省的 11 个城市中，唐山的热岛强度最大，廊坊和沧州最低。唐山、秦皇岛、邢台和邯郸均表现为先增加后减少的变化趋势；承德、廊坊、沧州、石家庄则均呈先降低后增加的趋势；张家口和保定的热岛强度一直呈下降趋势；衡水表现为上升的趋势。

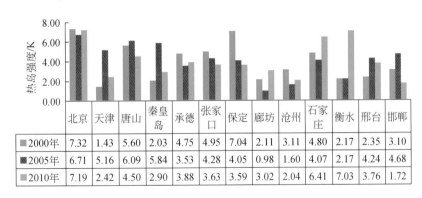

热岛强度/K	北京	天津	唐山	秦皇岛	承德	张家口	保定	廊坊	沧州	石家庄	衡水	邢台	邯郸
2000年	7.32	1.43	5.60	2.03	4.75	4.95	7.04	2.11	3.11	4.80	2.17	2.35	3.10
2005年	6.71	5.16	6.09	5.84	3.53	4.28	4.05	0.98	1.60	4.07	2.17	4.24	4.68
2010年	7.19	2.42	4.50	2.90	3.88	3.63	3.59	3.02	2.04	6.41	7.03	3.76	1.72

图 6-12 京津冀城市群各城市热岛强度

京津冀的地表高温区呈现空间蔓延扩张的趋势（图6-13）。2000 年京津冀地表温度的高温区主要分布在平原区，集中在北京、唐山、天津、沧州和廊坊等环渤海区域。2005 年地表高温区迅速扩张，几乎覆盖了整个平原区。2010 年高温区主要分布在太行山和燕山的山前区，集中在唐山、北京、保定、石家庄、邢台和邯郸等地区。

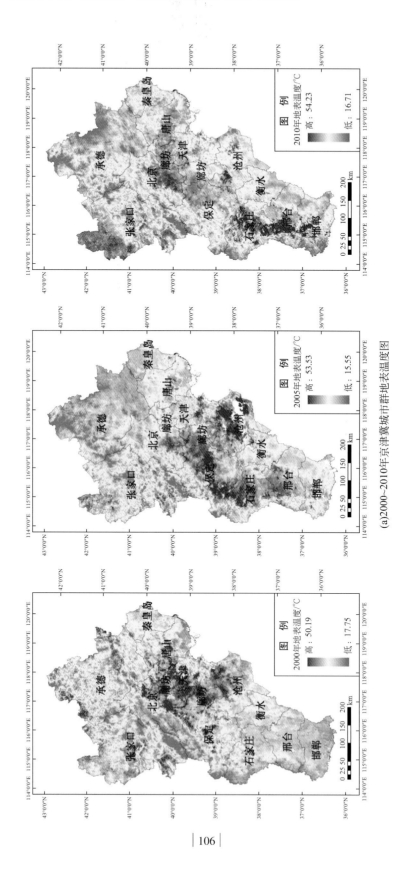

(a)2000~2010年京津冀城市群地表温度图

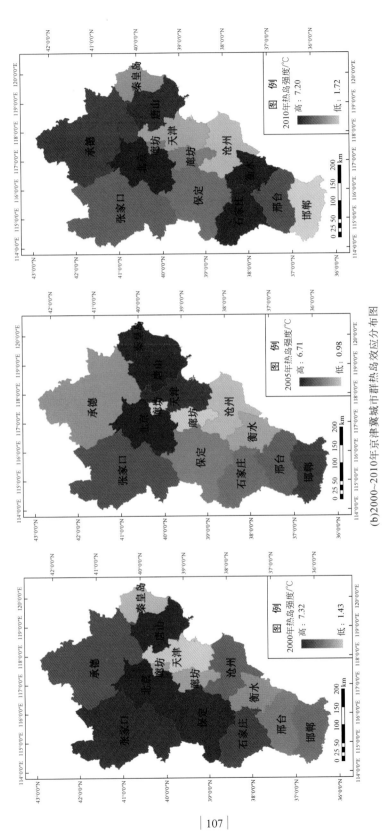

(b)2000~2010年京津冀城市群热岛效应分布图

图 6-13　京津冀城市群地表温度及热岛效应分布图

6.8 生态环境胁迫综合评估

京津冀城市群的生态环境胁迫综合评估，是在上述各项环境胁迫指标的分析结果上，采用雷达图对各个城市的不同生态环境胁迫压力进行对比分析（图6-14）。雷达图分析法是一种使用广泛、直观形象的数据可视化方法（陈勇等，2010）。就生态环境胁迫分析而言，雷达图中每个数轴均代表一个环境胁迫指标，如人口密度、水资源开发强度、能源利用强度、工业COD、工业SO$_2$、生活COD、生活SO$_2$和经济活动强度等。数值越高，折线围成的多边形面积越大，该城市受到的环境胁迫压力就越大。为了便于分析，首先将各指标进行标准化处理，进而对京津冀城市群各城市的生态环境胁迫情况进行综合评估和分类。

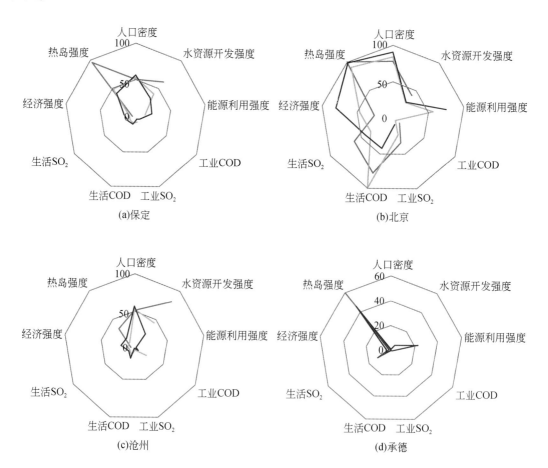

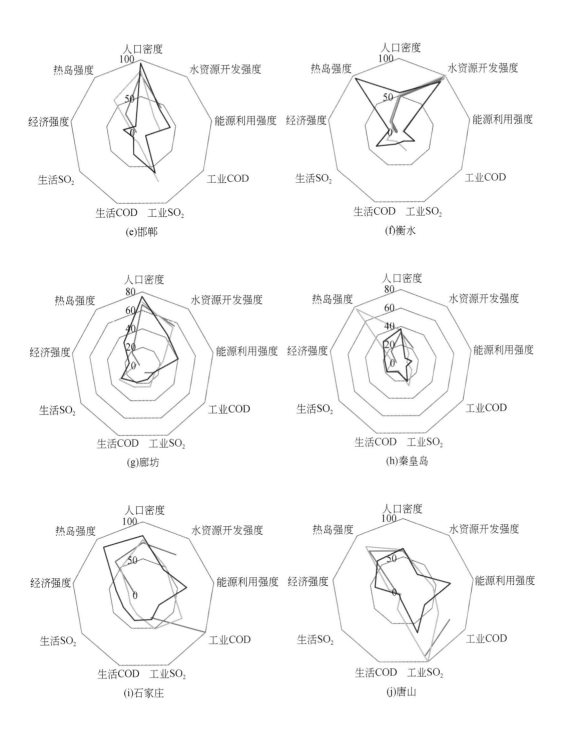

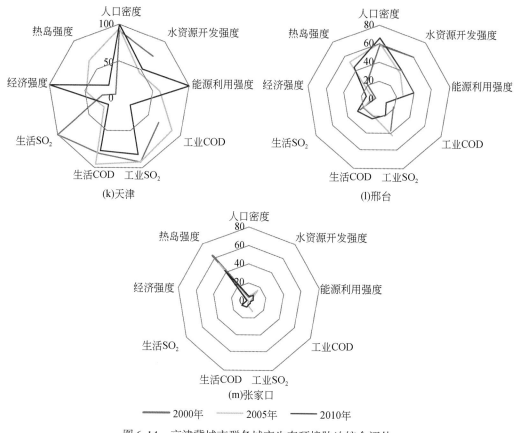

图 6-14　京津冀城市群各城市生态环境胁迫综合评估

根据雷达图的偏移特征可以将京津冀城市群的 13 个城市分为两大类，第一类是某项指标突出型，如承德、张家口和衡水的热岛效应相对突出，未来这些城市的规划和管理需重点处理城市热岛问题；而邯郸和唐山的工业 SO_2 排放产生的环境胁迫压力比其他问题相对突出，这与其拥有许多钢铁冶炼企业消耗大量煤炭有关，今后需要注重优化产业结构、提升能源利用效率。第二类是均衡拓展型，即该类城市拥有多种资源环境问题，如北京、天津和石家庄等。从时间变化看，京津冀各个城市的雷达图均有从某项突出型向均衡拓展型转变的趋势。例如，2000~2010 年保定的热岛强度有所缓解，但是其工业 COD 和工业 SO_2 的排放量相应增加，因此今后保定的环境治理需对大气污染和热岛等多个生态环境问题共同着手；过去 10 年北京的大气污染、水体污染问题有所缓解，但其经济强度和热岛强度反而有所增加。

第7章 京津冀城市群城市化的生态环境效应

城市化带来的大量人口和产业在城市区域的集聚、土地利用方式的转变等变化，引发了一系列的生态环境效应，主要包括：工业、交通产生的废弃物的排放，造成了严重的环境污染；下垫面景观结构特征的改变，人为热的大量释放，导致"城市热岛"效应；耕地和自然植被被大量侵占，导致生物多样性降低；而产业组织结构的优化、技术的进步等，可提高资源和能源的利用效率。

第3~6章阐述了京津冀城市群的城市化过程，并定量分析和评价了京津冀城市群的生态环境质量及其变化。本章重点分析城市化过程中城市扩张速度和模式、人口集聚，以及产业结构的变化对生态环境的影响。具体来说，本章重点分析了：①城市化进程中土地覆盖变化对生态质量的影响；②城市化对环境质量的影响；③城市化对资源环境利用效率的影响；④城市化对热岛效应的影响。结果显示：①城市扩张引起的土地覆盖的变化，特别是人工表面的增加，对 NPP 产生了负面的影响。②京津冀污染物人均排放、排放效率与排放强度，表现出明显的时空差异。整体而言，污染物人均排放逐年下降、排放效率逐步提高、部分污染物排放强度下降；北京、天津等人口规模较大、经济发展较好的城市，污染物人均排放量相对较低、污染物排放效率高，但是生活污染物排放强度高于其他城市。③2000~2010 年，随着城市水平的增加，万元 GDP 能源消耗量呈现出先增加后降低的趋势，能源利用效率呈现先下降后上升的变化趋势。④土地覆盖的变化显著影响地表温度的变化，且其影响存在空间非平稳性。⑤2000~2010 年，京津冀城市群的生态环境质量综合指数和生态环境效应指数均呈现不断上升的趋势，城市群的生态环境质量趋于好转。

7.1 城市化对生态质量的影响

城市化对生态质量有诸多影响。一方面，城市化过程中城市用地的扩张大量挤占耕地和其他生态用地，并影响 NPP；与此同时，城市化过程中，城市绿化会使得人工植被大量增加，又在一定程度上促进了植被覆盖度及 NPP 的增加。城市化如何影响生态质量是一个急需回答的科学问题。生态质量可以从多个不同的角度定义：①生态系统角度：生态质量即指生态系统质量，主要包括生态系统结构、功能和多样性；②景观角度：生态系统质量是指景观生态系统维持自身结构与功能稳定性的能力；③植被覆盖及生产能力角度（王坤等，2016）：生态质量主要指植被覆盖度、NPP 等。本章综合以上几种视角，选择了生态质量综合指数、植被覆盖度及植被景观格局等指标来表征生态质量，侧重从植被覆盖的角度，探讨城市化对生态质量的影响。

7.1.1 土地覆盖变化对 NPP 的影响

2000～2010 年，京津冀城市群的年均 NPP 总体呈上升趋势（图4-22），但前5年和后 5 年上升程度有所不同。其中，2000～2005 年年均 NPP 上升趋势较为明显，在 2005 年达到最高值；2006～2010 年呈现波动上升，但上升幅度较低。NPP 的空间分布差异较大，主要表现为东北向西南的以林地覆盖为主的燕山和太行山山脉地区的 NPP 较高，其两侧以草地和耕地为主要覆盖类型的地区相对较低，且西北地区低于东南地区。NPP 上升较快的区域主要集中在城市群西北部的张家口及东南部的沧州。而城市群东部的唐山，以及东北至西南沿线区域，均处于下降趋势。此外，城市周边地区均表现为明显的下降趋势。下面分别从城市群和地级市两个尺度，探讨土地覆盖变化对 NPP 的影响。

7.1.1.1 城市群尺度

城市化引起剧烈的土地覆盖变化，会对 NPP 具有一定的影响。2000～2010 年，原有人工表面 NPP 总量无明显变化趋势，而新增人工表面 NPP 总量则呈现显著的下降趋势（$R^2 = 0.49$，$p<0.01$；图 7-1），年均下降 0.0279TgC/a^2。表明土地城市化所引起的人工表面的增加对 NPP 产生负面的影响。

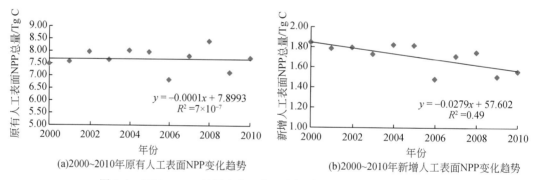

(a)2000~2010年原有人工表面NPP变化趋势

(b)2000~2010年新增人工表面NPP变化趋势

图 7-1　2000～2010 年原有人工表面和新增人工表面 NPP 变化趋势

林地、草地和耕地转变为人工表面后，NPP 总量呈现显著下降趋势，而湿地无明显趋势特征。其他地类转变为人工表面后，NPP 总量呈现显著上升趋势，但趋势较慢（图 7-2）。因为人工表面主要源自耕地，因此耕地转变为人工表面导致的 NPP 总量减少最为明显，NPP 总量以每年 0.0255TgC 的速度下降（表 7-1）；草地次之，下降速度为 0.0014TgC；林地为 0.0008TgC。

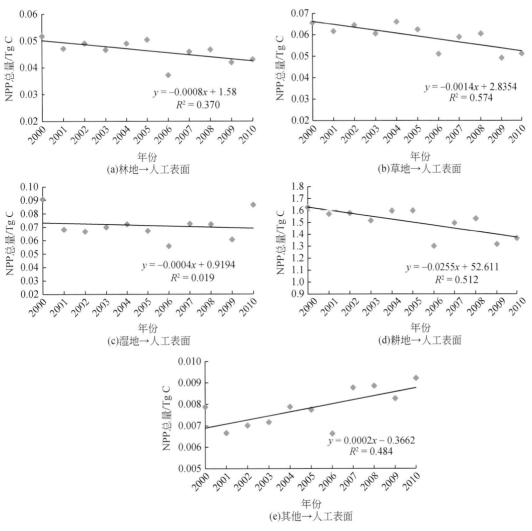

图 7-2　2000~2010 年各地物转移至人工表面 NPP 总量变化趋势

表 7-1　土地覆盖转移至人工表面显著性检验

转换类型	斜率	Sig. F
林地→人工表面	−0.0008	0.0468
草地→人工表面	−0.0014	0.0068
湿地→人工表面	−0.0004	0.6834
耕地→人工表面	−0.0255	0.0132
其他→人工表面	0.0002	0.0175

7.1.1.2　地级市尺度

2000~2010 年，除衡水和沧州外，各地级市 NPP 总量均表现为下降的趋势（表 7-2）。

其中，北京下降趋势最快，斜率为−0.0081TgC/a²，天津和唐山的变化斜率较为接近，分别为−0.0051TgC/a² 和−0.0045TgC/a²。张家口和承德变化趋势较小，其余城市变化趋势相当，城市之间差异不明显。耕地转移为人工表面后，NPP 总量下降趋势远高于其他用地类型的下降趋势。该结果表明，不同土地覆盖类型利用强度的差异导致 NPP 变化趋势有所不同。大城市土地城市化对 NPP 产生的负面影响远大于中小城市。

表 7-2 2000～2010 年各城市不同地类转移至人工表面 NPP 总量变化趋势

（单位：TgC/a²）

城市名	林地→人工表面	草地→人工表面	湿地→人工表面	耕地→人工表面	其他→人工表面
北京	−0.0004	−0.0001	−0.0003	−0.0081	0.0000
天津	0.0000	−0.0004	0.0000	−0.0052	0.0002
唐山	−0.0002	−0.0002	−0.0001	−0.0045	0.0000
石家庄	0.0000	−0.0004	0.0000	−0.0027	0.0000
邯郸	0.0000	−0.0001	0.0000	−0.0019	0.0000
保定	0.0000	0.0000	0.0000	−0.0015	0.0000
秦皇岛	−0.0002	−0.0001	0.0000	−0.0013	0.0000
邢台	0.0000	−0.0001	0.0000	−0.0012	0.0000
廊坊	−0.0001	0.0000	0.0000	−0.0010	0.0000
张家口	0.0000	0.0000	0.0000	−0.0004	0.0000
承德	0.0000	−0.0001	0.0000	−0.0001	0.0000
衡水	0.0000	0.0000	0.0000	0.0005	0.0000
沧州	0.0000	0.0000	0.0001	0.0012	0.0000

城市化所带来的土地覆盖变化在一定程度上影响 NPP 的变化。新增人工表面 NPP 总量表现为显著下降趋势。其中湿地无明显变化趋势，林地、草地和耕地转化为人工表面后，NPP 总量下降趋势明显。特别是大量耕地转移为人工表面后，NPP 总量下降趋势最大，表明该变化对生态环境产生较大的负影响。对于城市群内部各城市，北京城市化对 NPP 影响最大，工业城市天津和唐山次之。其余城市除承德和张家口 NPP 总量变化较小外，下降趋势水平相当。

7.1.2 城市化对植被覆盖的影响

2000～2010 年，京津冀城市群植被覆盖以低中和中覆盖度为主，植被覆盖度呈增加趋势但不显著（$p=0.45$），存在明显的时空动态差异（图 4-13）。同时，低中、高覆盖度区域植被景观更加破碎，而低、中覆盖度区域的植被面积增加，景观破碎度降低。

相关性分析显示城市化率与区域平均植被覆盖度存在负相关（表 7-3），与低覆盖度存在显著的正相关。随着京津冀整体城市化水平的提高，平均覆盖度出现下降趋势，但低覆盖度所占比例有所增加，低覆盖度的面积在一定程度上反映了非植被覆盖的面积。

表 7-3 京津冀城市群城市化率与植被覆盖度的相关性

项目		平均覆盖度	低覆盖度比例
城市化率	相关系数	−0.476	0.8050
	显著性	0.080	0.0005

7.1.3 城市化对生态质量综合指数的影响

本小节选择植被破碎化程度、植被覆盖面积比例、单位面积生物量等指标综合反映生态质量（4.5.1 节）。为分析城市群生态质量的变化驱动因子，选择 2000~2010 年，生态质量指数、植被破碎化程度、植被覆盖面积比例、单位面积生物量等作为因变量，通过回归分析讨论不同类型城市化指标对生态质量指数的影响（表 7-4）。结果表明，植被斑块破碎化和植被覆盖面积变化的主要原因是土地城市化，这是因为随着城市化进程的加快，人工表面的快速增加和经济的快速发展，人工表面为主体的区域植被斑块数增加，植被面积和植被斑块密度都有小幅增加。生态综合质量的主要贡献者是单位面积生物量的增加，而生物量受到城市化的综合影响，所以生态综合质量间接受到土地、人口和经济城市化的共同影响。

表 7-4 不同类型城市化对生态质量各指标的影响

指标		植被破碎化程度	植被覆盖面积比例	单位面积生物量	生态质量指数
土地城市化	斜率	−0.0176	−3.4810	−6.4923	−0.3903
	截距	0.4639	70.5980	1409.7000	52.1350
	相关系数（R^2）	0.3788	0.4698	0.0019	0.0265
人口城市化	斜率	0.0014	0.3065	24.9210	0.3115
	截距	0.2204	21.1870	486.8400	37.1390
	相关系数（R^2）	0.0245	0.0386	0.2919	0.1788
经济城市化	斜率	0.0060	1.0362	32.4260	0.4166
	截距	0.0326	−8.6488	76.1940	31.5650
	相关系数（R^2）	0.2144	0.2000	0.2241	0.1450
综合城市化	斜率	0.0024	0.4473	38.9780	0.4632
	截距	0.1985	19.1330	243.1700	34.7670
	相关系数（R^2）	0.0259	0.0274	0.2382	0.1319

7.2 城市化对环境质量的影响

环境质量是指环境系统客观存在的一种本质属性,通过定性描述和定量分析来表达环境系统所处的状态。城市环境中,居民生活、工业生产产生大量废弃物,这些废弃物的排放会直接影响环境质量的好坏。常见的废弃物主要包括废水、废气、固体废弃物、COD、SO_2和烟粉尘等。常见的用以表征环境质量的废弃物排放指标包括污染物排放总量、人均排放量、排放强度、排放效率等。

本节通过分析废水、COD、SO_2、烟粉尘、工业废气及工业固废等污染物的人均排放量、排放强度和排放效率等的时空特征,来探讨不同城市化背景下,污染物排放特点,从而讨论城市化对环境质量的影响

7.2.1 污染物人均排放量的时空分布特征

京津冀地区的污染物人均排放量时空差异明显(图7-3)。总体而言,在北京、天津等人口密度高的城市,污染物人均排放量相对较低;除生活污水、工业废气和工业固废外,其他类型的污染物人均排放量在各个城市均呈下降趋势,具体表现如下:

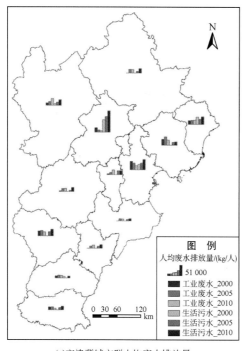
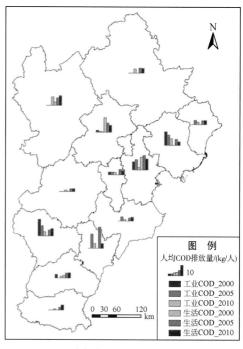

(a)京津冀城市群人均废水排放量　　　　　　(b)京津冀城市群人均COD排放量

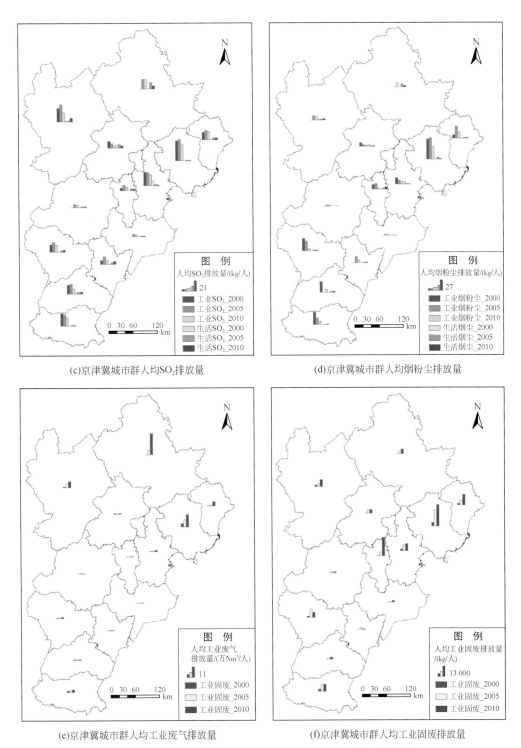

(c)京津冀城市群人均SO₂排放量

(d)京津冀城市群人均烟粉尘排放量

(e)京津冀城市群人均工业废气排放量

(f)京津冀城市群人均工业固废排放量

图 7-3　京津冀地区人均污染物排放空间差异及时间变化特征

空间上，以工业发展为主的唐山、石家庄、天津等城市，人均工业污染物排放量较大，如工业 COD、工业 SO₂ 及工业烟粉尘等。对于生活污染物而言，北京、天津等城市人均生活污水、人均生活 COD 等远高于其他城市。2010 年，北京人均生活污水排放量达到 101 938kg，远高于京津冀地区 29 011kg 的平均人均排放水平。

时间上，COD、SO₂、烟粉尘等人均排放量在多数城市中呈下降趋势。其中，石家庄的人均工业烟粉尘排放量下降最快，从 2000 年的 31.1kg 下降到 2010 年的 4.7kg，减少了近 85%。受排放总量增加的影响，京津冀地区的人均工业废气及人均工业固废排放量均呈上升趋势，其中廊坊的人均工业废气排放量增加最为明显，从 2000 年的 0.25 万 Nm³ 增长到 2010 年的 20 万 Nm³。

7.2.2 污染物排放效率的时空分布特征

京津冀地区的污染物排放效率时空差异明显（图 7-4）。在经济规模较大、发展较好的地区，如北京、天津等，污染物排放效率高于其他城市。2000～2010 年，随着经济的快速发展，多数城市的单位 GDP 污染物排放量在下降，排放效率逐步提高。

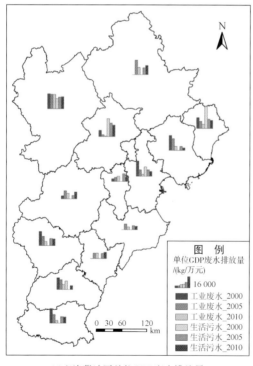
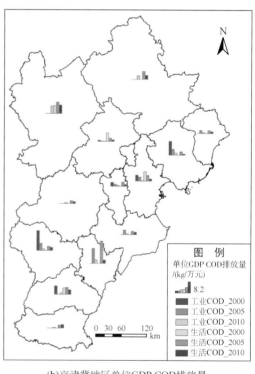

(a)京津冀地区单位GDP废水排放量   (b)京津冀地区单位GDP COD排放量

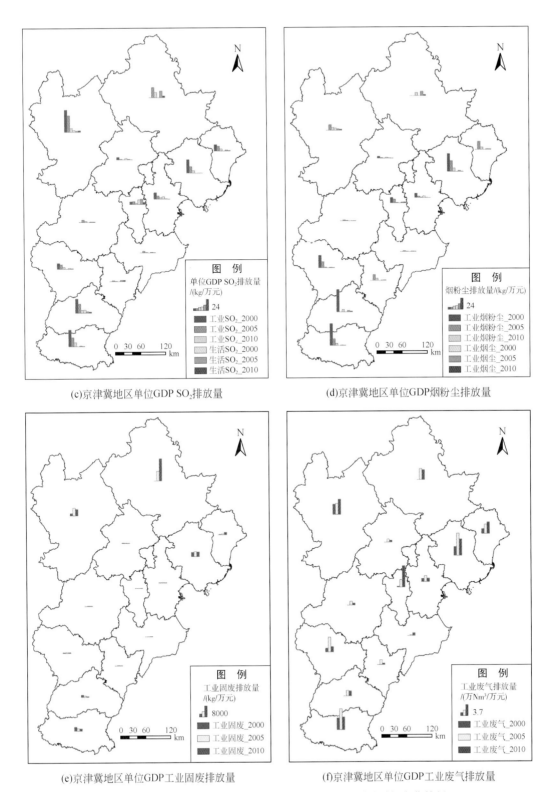

(c)京津冀地区单位GDP SO₂排放量

(d)京津冀地区单位GDP烟粉尘排放量

(e)京津冀地区单位GDP工业固废排放量

(f)京津冀地区单位GDP工业废气排放量

图 7-4 京津冀地区单位 GDP 污染物排放空间差异及时间变化特征

时间上，京津冀地区的单位 GDP 污染物排放量在逐渐降低，排放效率提高。北京的单位 GDP 生活污染排放量虽然较高，但已经从 2000 年的 26 700kg/万元下降到 2010 年的 17 000kg/万元，排放效率提高明显。其他城市的单位 GDP 污染物排放量均有不同程度的下降。例如，天津的单位 GDP 生活烟尘排放量从 2000 年的 3.62kg/万元下降到 2010 年的 0.16kg/万元，排放效率提高了 21 倍。

空间上，除北京的单位 GDP 生活污水排放量较高外，北京、天津、保定、沧州等地的单位 GDP 污染物排放相对较低，污染物排放效率高于其他城市。在天津，虽然生活和工业污染物排放量较大，但单位 GDP 污染物排放量比石家庄、张家口、邯郸、邢台等城市相对较低。而在北京，由于排放量较大，生活污水排放效率平均在 21 295kg/万元，远高于地区 11 914kg/万元的平均水平。

7.2.3 污染物排放强度的时空分布特征

与污染物人均排放及排放效率类似，污染物排放强度同样表现出明显的时空差异（图 7-5）。北京、天津的生活污染物排放强度高于其他城市，而天津、唐山的工业污染物排放强度高于其他城市。2000～2010 年，生活污水、工业废气、工业固废排放强度有上升的趋势，而其他污染物排放强度呈下降的趋势，具体表现如下：

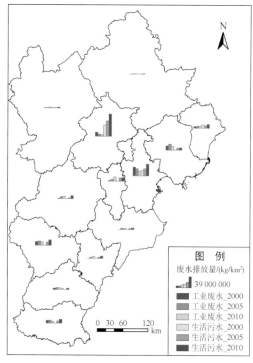

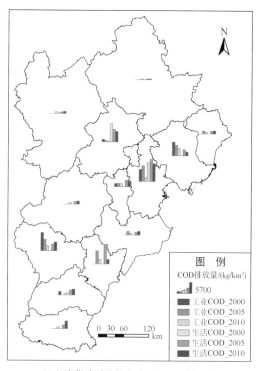

(a)京津冀地区单位土地面积废水排放量　　　　　(b)京津冀地区单位土地面积COD排放量

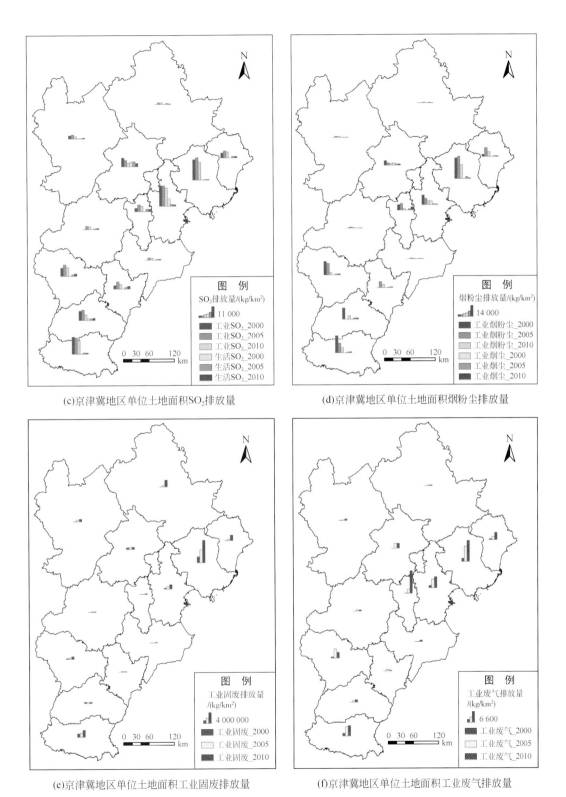

(c)京津冀地区单位土地面积SO₂排放量

(d)京津冀地区单位土地面积烟粉尘排放量

(e)京津冀地区单位土地面积工业固废排放量

(f)京津冀地区单位土地面积工业废气排放量

图 7-5　京津冀地区单位土地面积污染物排放空间差异及时间变化特征

空间上，天津、唐山的工业污染排放强度高于其他地区，特别是唐山，各污染物的单位土地面积排放量均相对较高。而北京、天津的生活污染物排放强度高于其他城市。其中，北京的生活污水排放强度为地区最高，平均达到 $5.71 \times 10^6 kg/km^2$，远高于区域平均 $1.47 \times 10^6 kg/km^2$；而天津的生活 COD 排放强度高于其他地区，平均达到 $9969 kg/km^2$。

时间上，2000~2010 年，工业废水、COD、SO_2、烟粉尘等污染物的排放强度总体呈下降的趋势，而生活污水、工业废气、工业固废的排放强度在多数城市中呈上升趋势。其中，廊坊的工业废气排放强度增长最快，从 2000 年的 148 万 Nm^3/km^2 增长到 2010 年的 13 104 万 Nm^3/km^2，排放强度甚至超过唐山 2010 年的 12 522 万 Nm^3/km^2。

7.3 城市化对资源环境利用效率的影响

随着城市化进程的快速推进，经济增长与水、能源等资源需求间的矛盾不断凸显。面对日趋强化的资源环境约束，提高资源利用效率极为重要，是缓解资源消耗的压力和增强可持续发展能力的重要途径。本节以水资源利用效率和能源利用效率为例，通过分析城市化率与水资源利用效率、能源利用效率的关系，探讨城市化对资源环境利用效率的影响。

7.3.1 城市化对水资源利用效率的影响

通过定量分析城市化率与水资源利用效率之间的相互关系，来探讨城市化对水资源利用效率的影响。其中，城市化率采用城市人口占总人口的比例来表示；水资源利用效率用单位产值的用水来反映，单位产值的用水越少，水资源利用效率越高。

在京津冀地区，城市化水平与水资源利用效率呈对数增长关系（图 7-6）。随着城市化水平的提高，万元 GDP 的水资源消耗量降低，即水资源利用效率逐渐升高。京津冀地区的平均水资源利用效率从 2000 年的 88.84t/万元降低到 2010 年的 23.37t/万元。城市化水平和工业化水平越高的地区，水资源利用效率也越高，城市化水平的提升能在一定程度上促进水资源利用效率的提高。

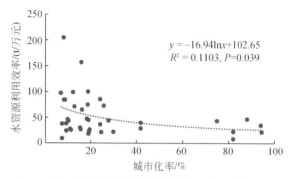

图 7-6 京津冀各市城市化率和水资源利用效率的关系

7.3.2 城市化对能源利用效率的影响

通过定量分析城市化率与能源利用效率之间的相互关系，探讨城市化水平对能源利用效率的影响。其中，城市化率用城市人口占总人口的比例来表示，能源利用效率采用单位产值的能源消耗量来表示。单位产值的能源消耗量越低，能源效益就越高。

在京津冀地区，随着城市水平的增加，万元 GDP 能源消耗量呈现出先增加后降低的趋势（图 7-7）（$R^2 = 0.25$，$P<0.001$），即能源利用效率呈现先下降后上升的变化趋势，具有一定的 EKC（environment Kuznets curve，环境库兹涅兹曲线）特征。结果显示，在京津冀地区，当城市化水平达到 50% 时出现了 EKC 的拐点值，万元 GDP 能耗达到最高，即能源利用效率达到最小值，这主要是因为产业结构调整导致能源结构发生了变化。例如，作为中国最大的钢铁生产基地——唐山的城市化水平位于 40% 左右，钢铁产业对能源的巨大消耗量导致其万元 GDP 能源消耗量远高于其他城市，反而具有较低的能源利用效率；而城市化水平较低的衡水和沧州是典型的农业产区，农业生产对能源的依赖性较低，万元 GDP 能源消耗量较小，因而其能源利用效率较高；相比之下，北京和天津同样具有较低的万元 GDP 能源消耗量和较高的能源利用效率，这是因为其产业已经从工业为主过渡到了以第三产业为主的阶段，对于能源的依赖逐渐下降。同时，随着城市化水平的增加，产业格局等得到合理优化，能源利用效率得到进一步的提升。可见，随着城市化水平的提升，能源利用效率呈现先下降后上升的变化过程，即城市化水平达到一定的程度之后，其进一步提升在一定程度上可以促进能源利用效率的提高。

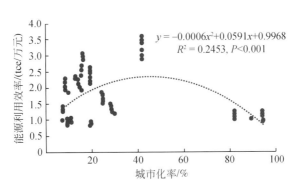

图 7-7 京津冀各市城市化率和能源利用效率的关系

城市化对能源消耗具有双刃剑的作用，随着城市化进程的加快，经济快速增长，人们生活水平不断提高，从而加大了能源消费总量，能源利用效率迅速下降，但正是由于城市化水平不断提高，产业组织结构、技术结构、产品结构等得到合理调整，资源配置进一步优化，又使得能源利用效率具有上升的趋势。

7.4 城市化对热岛效应的影响

大规模、快速的城市化进程极大地改变了城市区域原有的土地覆盖格局，主要表现为人工表面大量增加、耕地和林地等生态用地快速消失。土地覆盖的变化，改变了生态系统的能量、物质及信息流动，导致一系列的生态环境问题。其中，城市热岛效应就是一个典型问题。城市热岛效应是指温度（包括气温和地表温度）在城市明显高于郊区的现象。

本节通过分析不同土地覆盖类型地表温度的差异性、土地覆盖对地表温度空间分布的影响，以及土地覆盖与地表温度的定量关系及其空间非平稳性，探讨城市化对城市热岛的影响及其空间非平稳性。

7.4.1 不同土地覆盖类型地表温度的差异性

不同土地覆盖类型的地表温度存在差异（表7-5），按平均温度由高到低的顺序排列为（其他类型所占比例太小，不予考虑）：人工表面>耕地>草地>湿地>林地。林地、湿地的平均温度较低，分别为34.43℃和35.42℃，其标准差则相对较高，分别为4.16和4.33；人工表面和耕地的温度较高，平均温度分别为40.92℃和39.74℃，其标准差较小，分别为3.49和3.74；草地平均温度略低于人工表面和耕地，为38.87℃，其标准差最大，为4.72。从最高温和最低温来看，温度最高的是耕地，温度最低的是林地。

表 7-5 不同土地覆盖类型的地表温度

土地覆盖类型	最高温/℃	最低温/℃	平均温度/℃	标准差
林地	48.49	16.71	34.43	4.16
草地	49.63	18.47	38.87	4.72
湿地	52.07	23.89	35.42	4.33
耕地	53.11	23.01	39.74	3.74
人工表面	49.99	24.15	40.92	3.49
其他	50.13	25.79	39.21	4.54
总体	53.11	16.71	37.69	4.77

7.4.2 土地覆盖对地表温度空间分布的影响

耕地和林地是京津唐城市群区域最主要的土地覆盖类型，分别占土地面积的43.31%和36.56%。其中，耕地主要分布于京津唐城市群东南部、西北部的平原地区；林地主要分布在东南、西北走向的太行山地带（图7-8）。人工表面占比为8.24%，主要分布在京津唐城市群东南平原地带，其中在北京、天津等城市区域，人工表面集中连片分布，同时有大量的小块人工表面分散在农田生态系统中。草地覆盖占比约为8.32%，主要分布于西北部及太行山林区边缘。京津唐城市群湿地面积很少，仅占3.25%。研究区的湿地集中分布于天津、唐山等边缘地区。

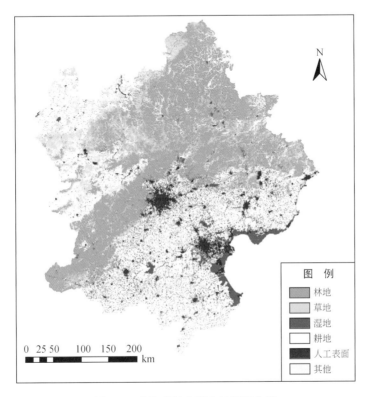

图7-8 京津唐城市群土地覆盖分类

京津唐城市群地表温度的空间格局与土地覆盖的空间分布有着密切的关系，高温区多位于建设用地，低温区多位于林地和湿地（图7-8，图7-9）。整体上看，地表温度形成东南、西北高温而东北—西南带状低温的空间分布格局：其中，高温区主要集中分布在东南、西北地区，特别是北京、天津、唐山等城市的主要建成区，以及西北耕地集中分布的区域（图7-9），而低温区主要集中分布于太行山地段。

为了进一步探讨不同土地覆盖类型对地表温度的影响，本小节将京津唐城市群地表温度划分为5个温度区间（表7-6，图7-9）。我们分析不同温度区间中不同土地覆盖类型的组成差异。可见，从低温区到高温区的变化过程中，林地显著降低而人工表面显著增加（图7-10）。进一步说明京津唐城市群地表温度呈现东南部和西北部地表温度较高，东北—西南带状低温的地表温度空间分布。

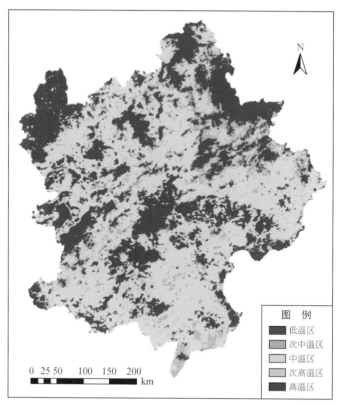

图 7-9   温度区间范围分布图

表 7-6   不同温度区间划分及范围

温度区间划分	温度范围/℃
低温区 Ts<μ−1std	<32.91
次中温区 μ−1std≤Ts<μ−0.5std	32.91 ~ 35.30
中温区 μ−0.5std≤Ts≤μ+0.5std	35.30 ~ 40.07
次高温区 μ+0.5std<Ts≤μ+1std	40.07 ~ 42.46
高温区 Ts>μ+1std	>42.46

注：Ts 为像元温度；μ 为区域平均温度；std 为区域温度标准差。

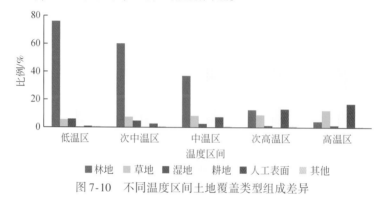

图 7-10   不同温度区间土地覆盖类型组成差异

7.4.3 土地覆盖对地表温度的影响及其空间非平稳性

不同土地覆盖类型比例显著影响地表温度，增加林地和湿地的比例可以显著降低地表温度，而增加草地、人工表面及耕地的比例则会显著提高地表温度（表 7-7）。林地（$r = -0.64$，$P<0.01$）具有显著的降温作用，林地比例与地表温度的回归系数（coefficient）为 -0.077，表明林地比例增加 10%，地表温度下降 0.77℃。湿地的降温能力（coefficient = -0.038，$P<0.01$）弱于林地（coefficient = -0.077，$P<0.01$）。相反，耕地（$r = 0.53$，$P<0.01$）、人工表面（$r = 0.38$，$P<0.01$）以及草地（$r = 0.125$，$P<0.01$）比例的增加会导致地表温度升高。其中，人工表面的增温能力最强，增加 10% 的人工表面会造成地表温度上升 1.22℃。耕地和草地的增温能力相对较弱，回归系数分别为 0.071 和 0.037。林地、耕地及人工表面对地表温度的解释能力较强，分别为 41%、28% 及 14%。

表 7-7 土地覆盖类型比例与地表温度的回归关系[*]

土地覆盖类型	线性关系	R^2	Pearson 系数
林地	$y = -0.077x + 40.50$	0.41	-0.64
草地	$y = 0.037x + 37.35$	0.02	0.13
湿地	$y = -0.038x + 37.78$	0.01	-0.09
耕地	$y = 0.071x + 34.60$	0.28	0.53
人工表面	$y = 0.122x + 36.67$	0.14	0.38

[*] $P<0.01$。

地理加权回归（GWR）模型分析显示，土地覆盖对地表温度变化的影响存在空间非稳定性，土地覆盖对地表温度的影响程度在不同空间位置上存在差异（表 7-8）。本小节重点分析了林地、耕地及人工表面这 3 种土地覆盖类型与地表温度关系的空间非稳定性。

表 7-8 土地覆盖与地表温度的 GWR 拟合

土地覆盖类型	回归系数			
	最小值	最大值	平均值	R^2
林地	-0.43	1.73	-0.03	0.84
草地	-0.84	2.58	0.09	0.77
湿地	-4.53	8.00	0.14	0.78
耕地	-0.31	0.61	0.05	0.79
人工表面	-1.01	3.90	0.26	0.90

与普通最小二乘法回归拟合的结果类似，林地具有降温作用，但 GWR 拟合的结果揭示了其降温能力在空间上存在较大差异（表 7-8，图 7-11）。拟合的回归系数在 $-0.43 \sim 1.73$，位于林区的林地降温能力大于东南部平原地区；太行山地带，林地降温能力

（coefficient<–0.03）较高，并且从空间上表现为从林地内部到林地边缘，林地降温能力逐步增强的趋势［图7-11（a）和图7-11（b）］。例如，在林区边缘，每增加10%的林地覆盖，地表温度可以下降0.8℃以上［图7-11（a）和图7-11（b）］。

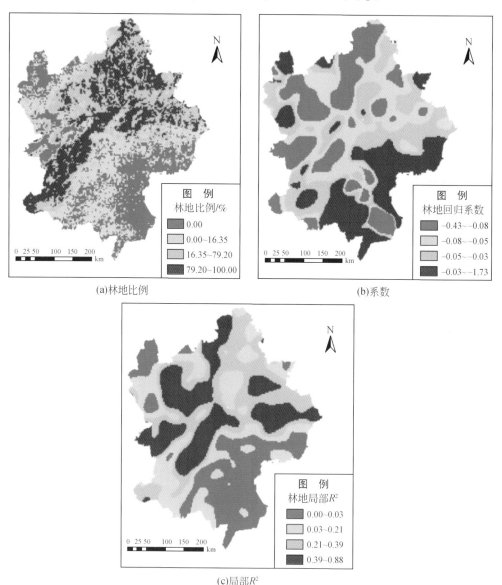

(a)林地比例

(b)系数

(c)局部R^2

图7-11　林地比例与地表温度的GWR拟合结果

通过GWR模型拟合发现京津冀地区东南平原地区降温能力相对较弱［图7-11（b）］。这可能是由于在平原地区，特别是城市地区，林地比例较少而且破碎化程度较高。同时，城市环境胁迫使得林地植被长势较差，其植被蒸腾能力较弱。但是在太行山地带，林地的降温能力较高。这可能是因为在该区域，林地斑块聚集程度较高，而且自然环境中植被所受环境胁迫较小、蒸腾作用较强，能够显著降低地表温度；并且发现从太行山内部到边缘，林地降温能力有所增加，特别在林区边缘，林地的降温能力较大（coefficient<−0.08）。原因可能是在林地内部，树木更密集，郁闭度较高，植被蒸腾作用受到一定程度的抑制，因此在继续增加林地比例的情况下，其降温能力并没有明显增加。但是在林地边缘，郁闭度相对较小，一定的林地增加能够增加植被总体的蒸腾，显著降低地表温度。该研究结果对区域尺度上的热环境调控有一定的参考作用。在城市群的林地规划建设中，当林地建设面积一定时，在不同空间上的投入，会有不同的热环境调控效果。将林地建设在城市中，林地的降温效果比较弱，但是能够提高城市居民的福祉。将林地建设于林区，对于区域来说，能够起到更大的降温作用。

7.5　城市化的生态环境效应综合评估

本节通过生态环境质量综合指数（comprehensive eco-environmental quality index，CEQI）和城市化的生态环境效应指数（urbanization's eco-environmental effect index，UEEI）作为城市群城市化过程中生态环境质量变化的总体评估。

（1）生态环境质量综合指数

用城市自然生态系统比例、农田生态系统比例、不透水地面比例、生态系统生物量、生态系统退化程度、景观破碎度、河流监测断面水质优良率、主要湖库湿地面积加权富营养化指数、全年空气污染指数（API）小于（含等于）100 的天数占全年天数的比例、酸雨强度、热岛效应强度 11 个生态环境质量综合指标及指标权重，构建生态环境质量综合指数，用来反映各市生态环境综合质量状况。

$$\mathrm{CEQI}_i = \sum_{j=1}^{n} w_j r_{ij}$$

式中，CEQI_i 为第 i 市生态环境综合质量指数；w_j 为资源效率综合指标相对权重；r_{ij} 为第 i 市各指标的标准化值。

（2）城市化的生态环境效应指数

用城市自然生态系统比例变化、农田生态系统比例变化、不透水地面比例变化、生态系统生物量变化、景观破碎度变化、全社会用水量变化、能源利用量变化、河流监测断面水质优良率变化、主要湖库湿地面积加权富营养化指数变化、全年 API 小于（含等于）100 的天数占全年天数的比例变化、酸雨强度变化、固废排放量变化、城市热岛效应强度指数变化 13 个指标及各自权重，构建生态环境效应指数，用来反映各市城市化的生态环境效应状况。

$$\mathrm{UEEI}_i = \sum_{j=1}^{n} w_j r_{ij}$$

式中，UEEI_i 为第 i 市城市化的生态环境效应指数，w_j 为资源效率综合指标相对权重；r_{ij} 为第 i 市各指标的标准化值。

2000～2010 年的城市化进程中，城市群的生态环境质量综合指数（图 7-12）和生态环境效应指数（图7-13）均呈现不断上升的趋势，城市群内部不同城市化水平的各个城市之间存在显著差异，其中张家口和秦皇岛的生态环境质量综合指数优于城市群的平均水平，天津处于京津冀城市群的最低水平。10多年间，京津冀城市群的生态环境效应整体趋于改善，但是局部地区特定环境问题，如空气污染还较为严重。

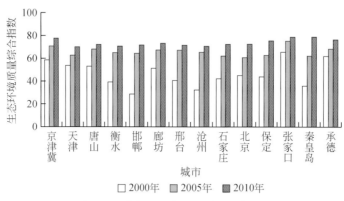

图 7-12　城市群生态环境质量综合指数

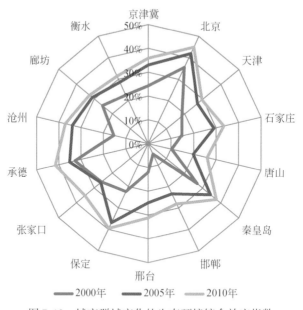

图 7-13　城市群城市化的生态环境综合效应指数

第8章 重点城市主城区扩展 及其内部格局特征与演变

主城区是城市的核心区域，由连片分布的不透水地表构成。土地城市化过程不仅包括城市主城区的向外扩张，即城市建设用地的扩张，挤占农田和其他生态用地，也包含城市内部景观格局的改变，如城市绿化建设导致的绿地增加、旧城改造带来的城市下垫面的改变等。本章旨在揭示 2000 ~ 2010 年京津冀 3 个重点城市——北京、天津、唐山，土地城市化过程中，城市向外扩张的规模、速度，以及城市内部土地覆盖的变化程度。最后通过比较分析，探索不同类型城市的土地城市化特征。

定量分析城市的土地城市化首先需要提取城市的景观格局。目前，城市景观格局及其演变的量化主要是利用多时相遥感数据，结合实地调查的方法（付红艳，2014）。遥感手段在城市景观格局定量化研究中是常用且高效的方法。随着遥感技术的发展，越来越多不同时空分辨率的遥感影像开始应用于城市景观格局的研究。根据遥感数据空间分辨率的不同，可将其大致分为低分辨率、中分辨率、高分辨率遥感影像 3 类。低分数据（如 NOAA/AVHRR、MODIS）由于空间分辨率过低，难以刻画高度异质性的城市景观特征；中分数据（如 Landsat TM/ETM+、ASTER）能识别城市内部较大的景观斑块，因此能够用于检测城市边界的变化，但由于城市内部景观十分破碎，中分数据无法检测出城市内部较小的斑块及其变化；高分数据（如 SPOT5、IKONOS、QUICKBIRD）的像元大小通常比一般地物小，能够刻画城市内部精细尺度上的景观格局及动态变化。研究表明，高分辨率遥感影像能够更好地量化城市内部景观格局及其动态，中分数据会大大低估城市中绿地的比例及动态度（Qian et al.，2015）。

本章首先利用中分数据（Landsat TM/ETM+）提取了重点城市 2000 年、2005 年、2010 年的主城区范围，然后利用高分辨率遥感影像提取了 3 个重点城市的景观要素，包括不透水地表、植被、水体和裸地四大类。基于主城区边界和景观要素的特征，一方面分析了城市主城区面积扩展，以及原有主城区与新增主城区中不透水地表、植被、水体、裸地 4 种景观的变化，揭示了主城区扩展的时空特征；另一方面结合了斑块密度、平均斑块面积、景观均匀度等景观指数，揭示了主城区内部的景观格局及其演变特征。

8.1 重点城市主城区扩展时空特征及对比分析

本节从 2000 ~ 2005 年、2005 ~ 2010 年和 2000 ~ 2010 年 3 个时间尺度比较分析了北

京、天津、唐山的主城区扩张，主城区内部景观格局的特征及演变，并揭示了原有和新增主城区中景观格局的差异。通过 3 个城市的对比分析，揭示了快速城市化下不同类型城市的土地城市化特征。主要结论如下：

1）2000～2010 年，北京主城区面积持续增加、主城区内不透水地表比例下降、植被比例上升、裸地和水体比例表现出波动式的变化。北京原有主城区内的景观格局比较稳定，景观动态度较小；不透水地表比例，2000～2005 年新增主城区高于 2005～2010 年新增主城区，反映了越老的新增主城区，其城市化强度越高。

2）2000～2010 年，天津主城区持续扩张，并且以蔓延式扩张为主。期间不透水地表比例呈先上升后下降的趋势，植被比例则一直下降，这与植被转化为不透水地表有关，水体比例在 10 年间的变动较小，新增主城区中的大量农田使得裸地的动态表现得很活跃。天津原有主城区内部的城市化强度在 2000～2005 年比较高，而在 2005～2010 年有所放缓，新增主城区的景观变化特征同样反映了越老的主城区，其城市化强度越高。

3）2000～2010 年，唐山城市扩张程度较小且扩张模式为蔓延式，期间不透水地表比例变动不大，植被比例则一直下降，裸地比例持续上升，水体面积较小且比例基本保持稳定。唐山原有主城区内部的城市化强度在 2000～2005 年比较缓和，而在 2005～2010 年比较剧烈。由于唐山主城区扩张面积较小，其不同时期的新增主城区中景观格局相似。

4）3 个城市原有主城区的城市化强度均高于新增主城区。3 个重点城市的城市化进程中，北京的不透水地表比例在下降，而植被比例有明显的增加；天津则表现出不透水地表比例先升高后下降的趋势；唐山的不透水地表比例相比于北京和天津，其变动较小。

8.1.1 北京主城区扩展时空特征

2000～2010 年北京城市扩张呈现不断增加的态势，主城区面积在 2000～2010 年中持续上升，由 2000 年的 1236.57km² 上升到 2005 年的 1898.91km²，在 2010 年达到了 2331.27km²。其中，2000～2005 年主城区的扩张模式是蔓延式与跳跃式的结合；2005～2010 年的扩张则是以蔓延式为主（图 8-1）。从扩张速度来看，前 5 年（2000～2005 年）的扩张速度要大于后 5 年（2005～2010 年）。

在 2000～2010 年中，主城区中的不透水地表比例持续下降（图 8-2）。不透水地表比例由 2000 年的 63.25%，先降到 2005 年的 59.71%，继续下降到 2010 年的 48.17%。反之，植被比例则一直上升，由 2000 年的 25.91%，先增长到 2005 年的 33.59%，最后增长到 2010 年的 42.02%，从空间上看，主城区内植被的增长主要分布在外围的新增主城区（图 8-3）。裸地和水体比例在 10 年间表现出波动式的变化，由于水体面积较小，其动态度最小。从土地覆盖的类型转化可以看出（表 8-1），主城区内新增的不透水地表主要来自植被，其次是裸地，同时也有十分少量的水体转化为不透水地表。比较不同时期不透水地表的来源，在 2005～2010 年，有更多的植被转变为不透水地表。

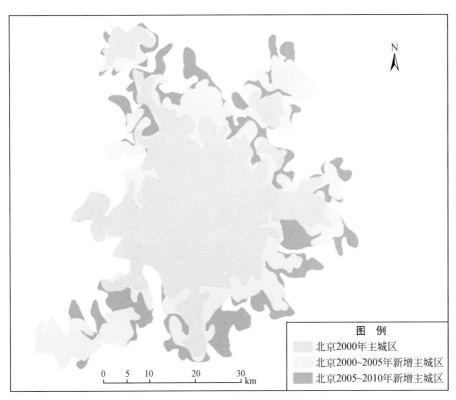

图 8-1 2000～2010 年北京主城区变化

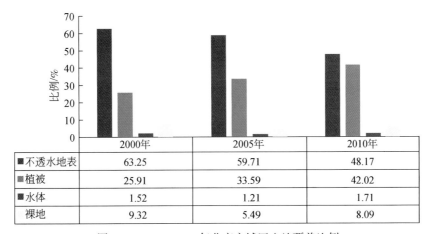

	2000年	2005年	2010年
■ 不透水地表	63.25	59.71	48.17
■ 植被	25.91	33.59	42.02
■ 水体	1.52	1.21	1.71
裸地	9.32	5.49	8.09

图 8-2 2000～2010 年北京主城区土地覆盖比例

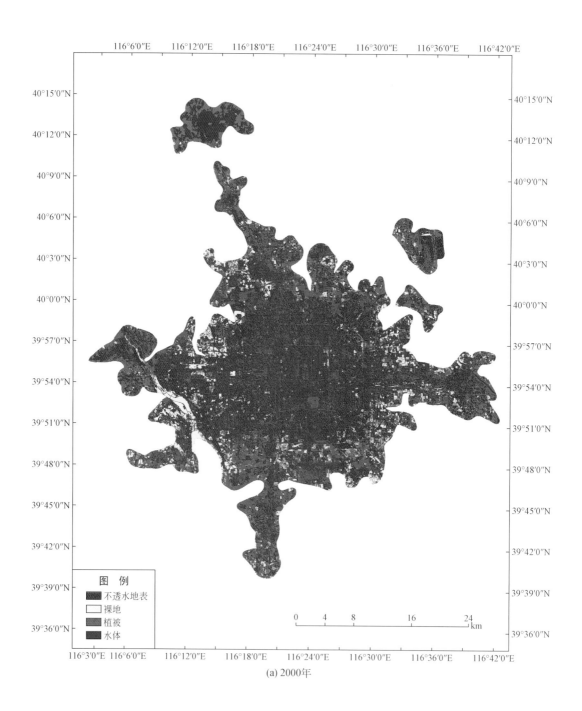

(a) 2000年

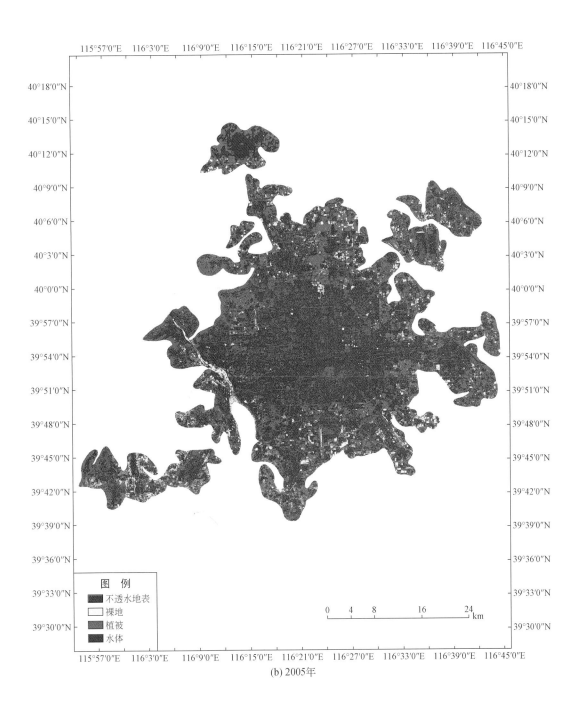

(b) 2005年

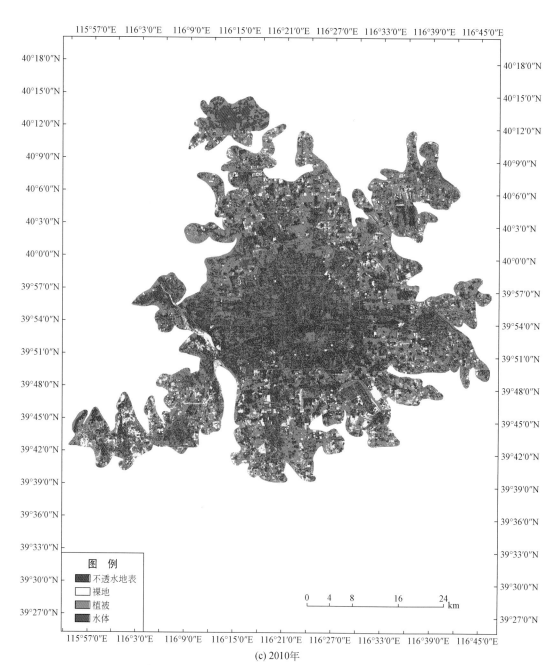

(c) 2010年

图8-3 北京2000～2010年主城区土地覆盖类型分布图

表 8-1 北京主城区中各用地类型转换为不透水地表的比例　　　　（单位：%）

时段	植被→不透水地表	水体→不透水地表	裸地→不透水地表
2000～2005 年	69.88	3.05	27.07
2005～2010 年	79.23	2.16	18.61
2000～2010 年	69.44	3.02	27.53

注：以 3 期影像公共边界为基准。

尽管主城区不透水地表比例呈下降趋势，植被比例呈上升趋势，但随着主城区面积的增加，其内部不透水地表和植被的面积都在增加。这说明主城区内部的新增主城区与原有主城区的景观格局可能存在较大差异：新增主城区内植被比例较高，而原有主城区内不透水地表比例较高。因此，本小节开展了新旧主城区景观格局的分析，对猜想进行了验证。主城区内裸地和水体所占的比例较小，在 2000～2010 年表现出波动式的变化。

分析原有（图 8-4）和新增主城区（图 8-5）的景观格局发现：新旧主城区的景观格局与预测一致。北京的主城区内，原有主城区以不透水地表为主导景观，新增主城区内以植被为主导景观。并且，比较前 5 年（2000～2005 年）和后 5 年（2005～2010 年）的新增主城区发现：后 5 年（2005～2010 年）的新增主城区中，植被占有更大的比重。

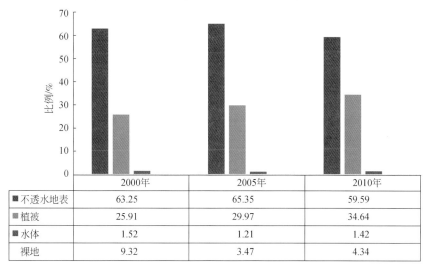

	2000年	2005年	2010年
■ 不透水地表	63.25	65.35	59.59
■ 植被	25.91	29.97	34.64
■ 水体	1.52	1.21	1.42
裸地	9.32	3.47	4.34

图 8-4　2000～2010 年北京原有主城区土地覆盖比例

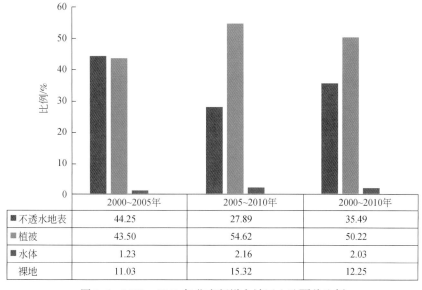

	2000～2005年	2005～2010年	2000～2010年
■ 不透水地表	44.25	27.89	35.49
■ 植被	43.50	54.62	50.22
■ 水体	1.23	2.16	2.03
裸地	11.03	15.32	12.25

图 8-5　2000～2010 年北京新增主城区土地覆盖比例

北京原有主城区（图 8-1 中 2000 年主城区）2000～2010 年的景观变化显示（图 8-4），原有主城区内的不透水地表比例总体在下降，其中在 2000～2005 年略有上升。植被比例则一直处于上升的趋势。裸地总体来说有所减少，而水体变化不大。北京原有主城区的景观变化特征反映了 10 年来北京已经开始注重城市的生态环境建设。在 2000～2010年，北京开展了大量绿化工程，如 2008 年的绿色奥运；提出了绿地管理措施，见缝插绿。这些都是原有主城区绿地增加而不透水地表减少的重要原因。

2000～2010 年的新增主城区（图 8-1 中 2000～2005 年新增与 2005～2010 年新增之和）中，不透水地表比例为 35.49%，明显小于原有主城区中的不透水地表比例，说明原有主城区的城市化强度要高于新增主城区。比较 2000～2005 年新增主城区（图 8-1 中 2000～2005 年新增）与 2005～2010 年新增主城区（图 8-1 中 2005～2010 年新增）的景观格局（图 8-5），发现前 5 年（2000～2005 年）新增区域的不透水地表比例要明显高于后 5 年（2005～2010 年）新增区域的不透水地表比例，同样反映了在北京的新增主城区中，越老的主城区，其城市化强度越高。

8.1.2　天津主城区扩展时空特征

2000～2010 年，天津的主城区面积持续上升，从 2000 年的 623.82km²，上升到 2005 年的 1216.32km²，2010 年达到了 1645.28km²。两个时间段（2000～2005 年、2005～2010 年）的扩张模式都以蔓延式为主（图 8-6），且 2000～2005 年的扩张速度要大于 2005～2010 年的速度。其中，2000～2005 年天津主城区的面积增大了近 1 倍。

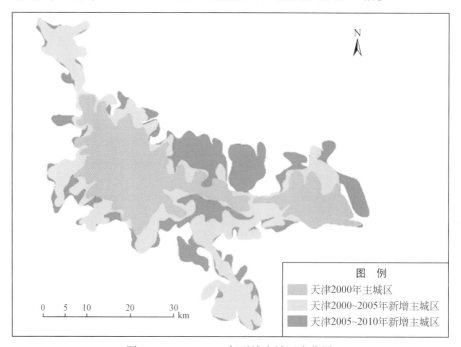

图 8-6　2000～2010 年天津主城区变化图

天津主城区中的不透水地表比例先升（2000～2005 年）后降（2005～2010 年）（图 8-7）。不透水地表比例由 2000 年的 46.10%，先上升到 2005 年的 56.71%，然后下降到 2010 年的 47.30%。相反，植被比例则一直下降，由 2000 年的 42.45%，下降到 2005 年的 34.44%，然后下降到 2010 年的 32.85%。水体比例在 10 年间的变动较小，而裸地的动态表现得很活跃，前 5 年有所减少，后 5 年有所增加。从土地覆盖的类型转化可以看出（表 8-2），主城区内新增的不透水地表 70% 以上来自植被。从空间上可以发现，2000 年主城区外围的植被，大多在 2005 年和 2010 年转化为不透水地表（图 8-8）。在天津，水体也是不透水地表的重要来源，其比例要高于来自裸地的不透水地表。这与天津是滨海城市，且开展了大量填海建设有着密切的关系。

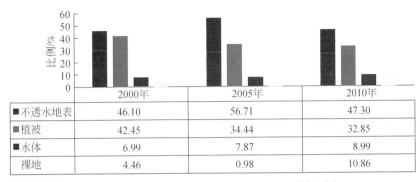

图 8-7　2000～2010 年天津主城区土地覆盖比例

表 8-2　天津主城区中各用地类型转换为不透水地表的比例　　　　（单位:%）

时段	植被→不透水地表	水体→不透水地表	裸地→不透水地表
2000～2005 年	70.93	16.49	12.59
2005～2010 年	72.27	25.96	1.77
2000～2010 年	71.43	16.75	11.82

注：以 3 期影像公共边界为基准。

2000～2010 年，天津原有主城区（图 8-6，2000 年主城区）的景观变化分析显示（图 8-9），原有主城区内的不透水地表比例总体显著上升，其中 2000～2005 年上升幅度较大，而 2005～2010 年略有下降。植被比例则一直下降。裸地比例总体来说有所减少，而水体变化不大。反映了天津原有主城区在 2000～2005 年动态度较高，而在 2005～2010 年有所放缓。

2000～2010 年的新增主城区（图 8-6 中 2000～2005 年新增与 2005～2010 年新增之和），不透水地表比例为 37.73%，明显低于原有主城区中的不透水地表比例，说明原有主城区的建设强度要高于新增主城区。比较 2000～2005 年新增主城区与 2005～2010 年新增主城区（图 8-6）的不透水地表比例（图 8-10），发现前 5 年（2000～2005 年）新增区域的不透水地表比例要明显高于后 5 年（2005～2010 年）。同样，反映了在天津的新增主城区中，越老的主城区其城市化强度越高。

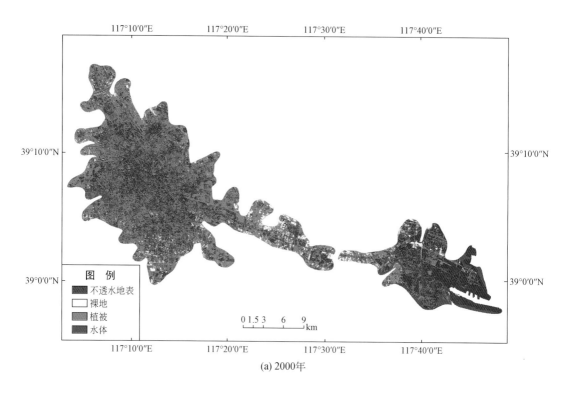

(a) 2000年

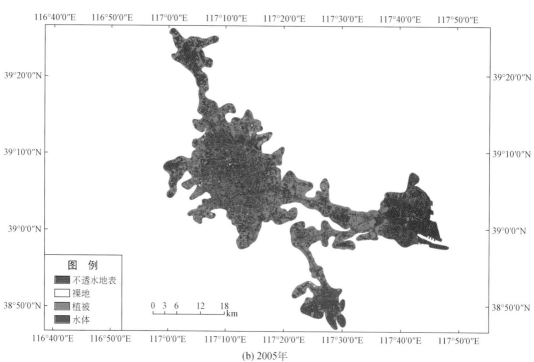

(b) 2005年

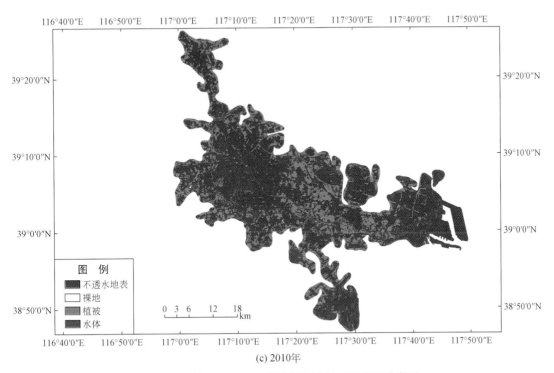

(c) 2010年

图 8-8　天津 2000~2010 年主城区土地覆盖类型分布图

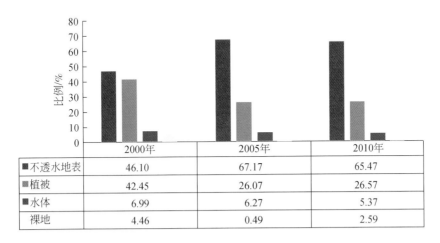

	2000年	2005年	2010年
■不透水地表	46.10	67.17	65.47
■植被	42.45	26.07	26.57
■水体	6.99	6.27	5.37
□裸地	4.46	0.49	2.59

图 8-9　2000~2010 年天津原有主城区土地覆盖比例

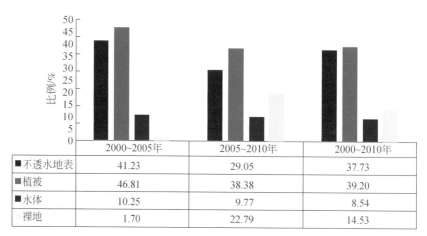

	2000~2005年	2005~2010年	2000~2010年
■ 不透水地表	41.23	29.05	37.73
■ 植被	46.81	38.38	39.20
■ 水体	10.25	9.77	8.54
■ 裸地	1.70	22.79	14.53

图 8-10 天津新增主城区土地覆盖比例

8.1.3 唐山主城区扩展时空特征

唐山的主城区面积，在 2000 ~ 2010 年中持续上升。主城区面积由 2000 年的 196.47km²，上升到 2005 年的 215.63km²，2010 年达到 271km²。10 年来主城区的扩张模式均为缓慢的蔓延式扩张（图 8-11），且 2000 ~ 2005 年的扩张面积非常小，不到 20km²，低于 2005 ~ 2010 年近 55km² 的扩张面积。

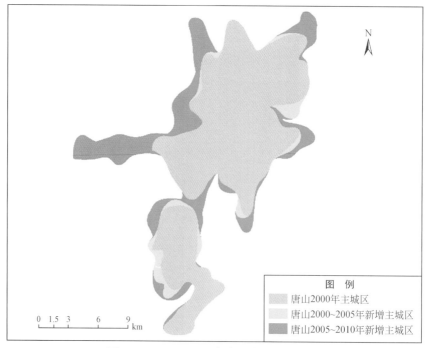

图 8-11 2000 ~ 2010 年唐山主城区变化图

在 2000～2010 年中，唐山主城区中的不透水地表比例变化幅度很小（图 8-12）。不透水地表比例由 2000 年的 61.44%，先小幅下降到 2005 年的 58.34%，然后再回升到 2010 年的 62.28%。植被比例则一直下降，2000 年为 34.46%，2005 年下降到 33.52%，2010 年仅为 26.95%。水体面积较小，且在 10 年中基本保持稳定。裸地比例在 10 年中持续上升，从 2000 年的 3.02% 上升到 2010 年的 9.52%，且增长主要分布在新增主城区中（图 8-13）。从唐山土地覆盖的类型转化可以看出（表 8-3），主城区新增不透水地表 85% 以上来自植被，其次是裸地，极少部分转化自水体。从 10 年的整体变化上看，92.38% 的新增不透水地表都来自植被。

2000～2010 年，唐山主城区不透水地表比例变动不大（图 8-12），这与唐山主城区 10 年来较小的扩张面积有密切联系，小面积新增主城区中的景观格局对主城区整体的景观格局影响并不大。2000～2010 年，唐山原有主城区（图 8-11 中 2000 年主城区）的景观变化（图 8-14）显示，原有主城区内的不透水地表比例总体显著上升，其中在 2000～2005 年略有下降，在 2005～2010 年有较大幅度的上升。植被比例则一直处于下降的趋势，尤其在后 5 年（2005～2010 年）出现显著的下降。裸地比例总体来说有所增加。水体比例很小，变化不大。

2000～2010 年的新增主城区（图 8-11 中 2000～2005 年新增与 2005～2010 年新增之和）中，其不透水地表比例为 39.51%，明显小于原有主城区中的不透水地表比例，说明唐山原有主城区的城市化强度高于新增主城区。比较 2000～2005 年新增主城区（图 8-11 中 2000～2005 年新增）与 2005～2010 年新增主城区（图 8-11 中 2005～2010 年新增）的不透水地表比例（图 8-15），发现前 5 年新增区域（2000～2005 年）与后 5 年新增区域（2005～2010 年）的不透水地表比例差别不大，反映了唐山两个时期的新增主城区景观格局比较相似。这与唐山的新增主城区面积较小有密切关系。

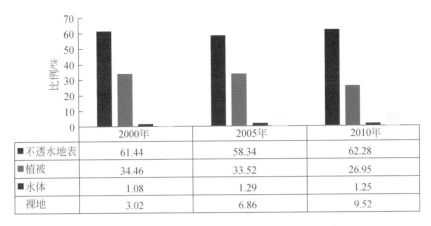

	2000年	2005年	2010年
■不透水地表	61.44	58.34	62.28
■植被	34.46	33.52	26.95
■水体	1.08	1.29	1.25
裸地	3.02	6.86	9.52

图 8-12 2000～2010 年唐山主城区土地覆盖比例

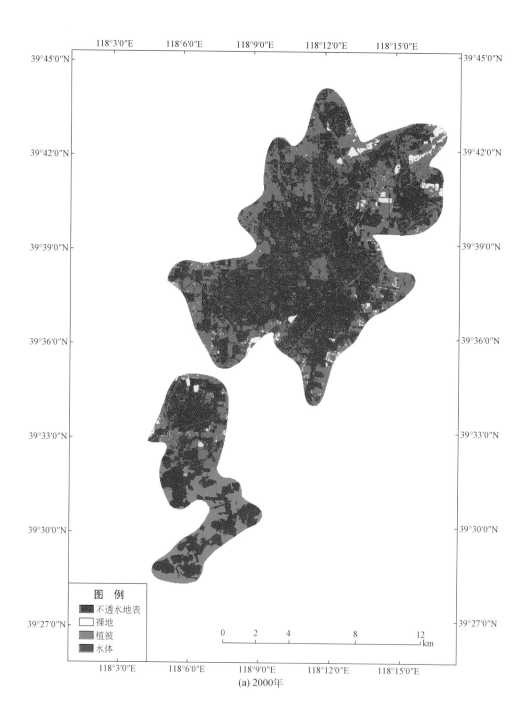

(a) 2000年

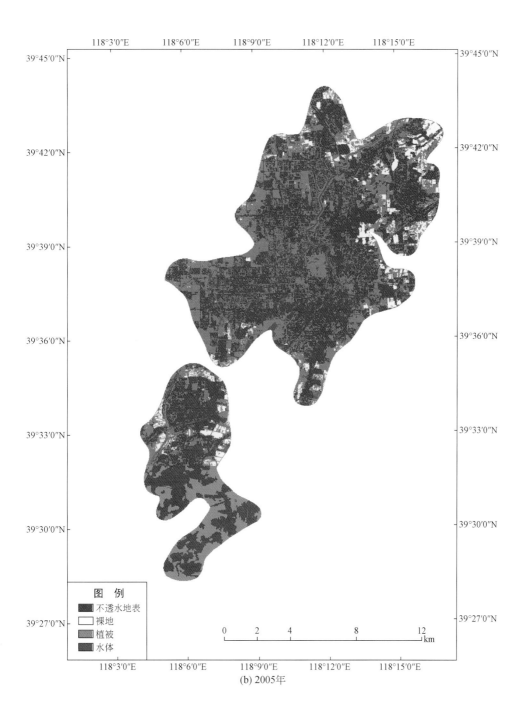

(b) 2005年

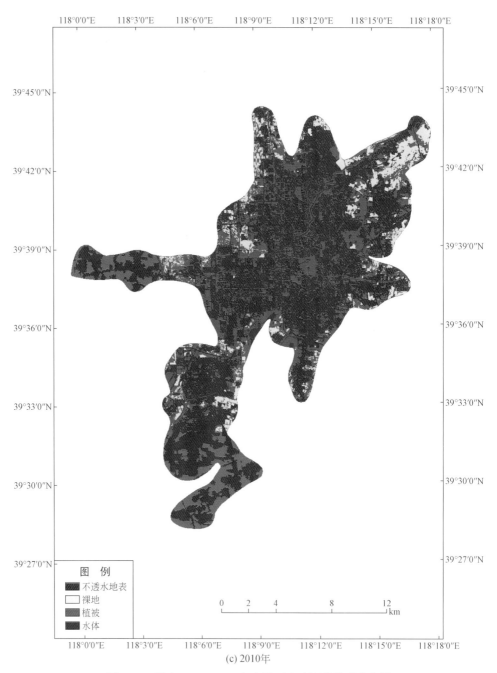

图 8-13　唐山 2000～2010 年主城区土地覆盖类型分布图

表 8-3   唐山主城区中各用地类型转换为不透水地表的比例   （单位:%）

时段	植被→不透水地表	水体→不透水地表	裸地→不透水地表
2000～2005 年	89. 65	1. 29	9. 06
2005～2010 年	85. 63	0. 95	13. 42
2000～2010 年	92. 38	0. 68	6. 94

注：以 3 期影像公共边界为基准。

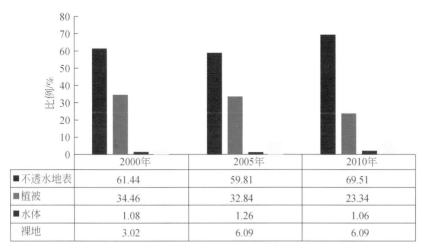

	2000年	2005年	2010年
■不透水地表	61.44	59.81	69.51
■植被	34.46	32.84	23.34
■水体	1.08	1.26	1.06
裸地	3.02	6.09	6.09

图 8-14   2000～2010 年唐山原有主城区土地覆盖比例

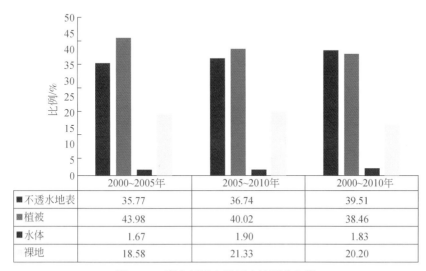

	2000~2005年	2005~2010年	2000~2010年
■不透水地表	35.77	36.74	39.51
■植被	43.98	40.02	38.46
■水体	1.67	1.90	1.83
裸地	18.58	21.33	20.20

图 8-15   唐山新增主城区土地覆盖比例

8.1.4 北京、天津和唐山土地城市化对比分析

2000~2010 年，北京、天津、唐山 3 个城市主城区扩展差异明显。10 年间，北京主城区面积增大了约 100%，天津主城区面积增大了超过 100%，唐山主城区扩张面积最小，但也达到了 38%。10 年间，北京、天津的景观格局有显著变化，北京不透水地表比例下降，同时植被比例增加；天津不透水地表比例先升高后下降，而植被比例下降。唐山由于其主城区扩张面积较小，其景观格局变化也相对较小。唐山不透水地表比例略增，植被比例有所下降。

从主城区的面积来看（图 8-16），3 个重点城市的主城区面积由大到小分别是北京、天津和唐山，唐山的主城区面积远远小于北京和天津。从主城区扩张的程度来看，北京和天津的扩张程度相似，年均扩展分别为 109.47km², 102.15km²；而唐山扩张速度缓慢，年均扩张仅为 7.45km²。从扩张速度看，北京和天津前 5 年（2000~2005 年）的扩张速度要高于后 5 年（2005~2010 年）；而唐山则相反，后 5 年（2005~2010 年）的扩张速度更快。

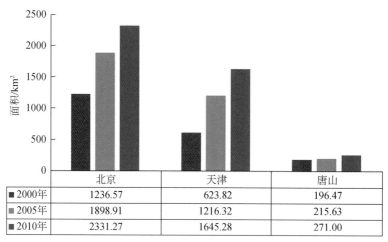

	北京	天津	唐山
■ 2000年	1236.57	623.82	196.47
■ 2005年	1898.91	1216.32	215.63
■ 2010年	2331.27	1645.28	271.00

图 8-16　北京、天津、唐山主城区面积

从景观格局的组成看，3 个城市都以不透水地表和植被为主导，裸地和水体的比例相对较少（图 8-17）。天津的景观组成中，水体的比重相对较大，这与天津滨海新区中分布的大量水体有密切关系。从景观格局的变化看，北京表现为不透水地表比例下降，植被比例增加；天津则表现为不透水地表比例先升高后下降的趋势，而植被比例下降；唐山的景观变化较小，不透水地表比例略增，植被比例下降。

人口、经济和社会发展的差异是造成 3 个城市主城区扩展差异明显的主要原因。从城市定位看，北京是中国的经济、文化、政治中心，天津是中国四大直辖市之一，唐山是河北省重工业城市的代表。北京和天津主城区的扩张远远超过唐山是由于北京和天津两个城市人口增加的速度和经济发展速度更快，其主城区延伸扩展及城市发展的用地需求非常

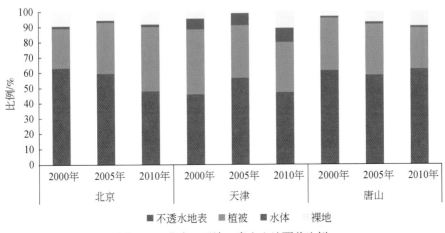

图 8-17　北京、天津、唐山土地覆盖比例

大。从城市发展态势看，北京的城市化程度高，注重城市的生态环境建设，对城市绿地的规划管理更加完善，这是城市原有主城区内绿地比例不断增加的重要原因（图 8-4）。另外，发展政策也是城市扩张的主要驱动因素，3 个城市中的社会经济发展、城市规划策略、政策制定等差异也反映在主城区的扩张上，如《北京城市总体规划（2004 年—2020 年）》和《天津市城市总体规划（2005 年—2020 年）》的实施就直接影响了这两座城市主城区的扩张以及城市景观格局的演变。

8.2　重点城市主城区内部精细景观格局特征与演变

城市化的快速推进剧烈地改变了城市的地表形态和景观格局（李伟峰等，2005）。城市化过程加剧了城市景观的破碎化，从而影响城市生态系统的生态服务功能，因此对城市景观格局及变化的研究十分必要（仇江啸等，2012）。对于城市景观格局的研究，多利用遥感的手段来定量分析城市景观格局及其演变（肖笃宁等，1990；李伟峰等，2005；孙亚杰等，2005；郭泺等，2006；Weng，2007）。景观指数能够高度浓缩景观格局信息，反映景观的结构组成和空间配置特征（张忠辉等，2014），是量化城市景观格局的常用方法。

本节在主城区和市辖区两个尺度开展了景观格局及其演变的分析。在主城区尺度，选择了斑块密度、平均斑块面积、景观均匀度 3 个指数；在市辖区尺度，选择了斑块密度、平均斑块面积两个指数。通过分析 2000~2010 年北京、天津和唐山的景观格局特征及其演变，发现以下主要特征：

1）北京主城区内的景观在 2005~2010 年变得更加连续，各类景观比例在 2010 年最均匀。北京城六区的不透水地表比例总体呈下降趋势，植被呈上升趋势；在 6 个市辖区中，东城区和西城区斑块破碎度最高。

2）天津主城区内的景观在 2000~2005 年破碎度提高，但是在 2005~2010 年下降，景观变得更加连续，各类景观比例在 2010 年最均匀。天津六区的城市化程度相似，六区的不透水地表比例均先上升后下降，植被总体趋势是先下降再上升；6 个市辖区相比于非市辖区，其斑块更为破碎，其中植被类型的斑块表现最为明显。

3）唐山主城区内的景观在 10 年间变得更加连续，唐山主城区内各类景观的比例均匀度有所提升。唐山两个市辖区的景观格局与变化较为一致，且与非市辖区有所不同。尤其是 2000～2005 年，不透水地表和植被在市辖区和非市辖区的变化是相反的。

4）3 个城市对比来看，天津的土地覆盖最均匀，景观破碎度也较高，2005～2010 年 3 个城市的景观破碎化程度均在减弱。3 个城市中植被的动态变化程度较大，不透水地表和裸地次之，水体的变化最小。

8.2.1 北京景观格局特征与演变

在景观尺度上，2005～2010 年北京主城区内的斑块数量变少（图 8-18），而平均斑块面积增加（图 8-19）。这反映了主城区内的景观在 5 年间变得更加完整和连续。从各景观组成看，除水体外，其他 3 类土地覆盖的斑块密度和平均斑块面积变化较明显，即斑块明显增大且密度显著减小。其中，裸地的变化最为剧烈，其平均斑块面积增大了超过 3 倍，这可能是新增的主城区出现大面积的农田裸地所致。从景观均匀度来看（图 8-20），北京主城区内的均匀度先下降后上升，表明北京主城区内的各土地覆盖比例在 2010 年最均匀。

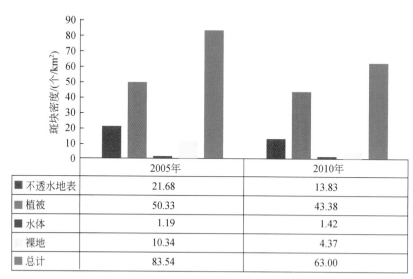

	2005年	2010年
■ 不透水地表	21.68	13.83
■ 植被	50.33	43.38
■ 水体	1.19	1.42
裸地	10.34	4.37
■ 总计	83.54	63.00

图 8-18　北京主城区斑块密度

注：北京 2000 年数据分辨率不同，斑块密度和平均斑块面积缺少可比性。

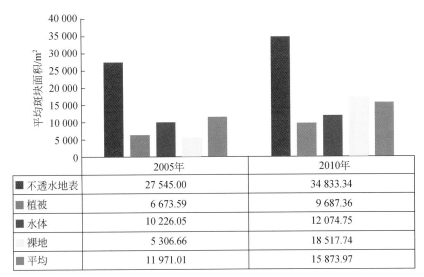

	2005年	2010年
不透水地表	27 545.00	34 833.34
植被	6 673.59	9 687.36
水体	10 226.05	12 074.75
裸地	5 306.66	18 517.74
平均	11 971.01	15 873.97

图 8-19 北京主城区平均斑块面积

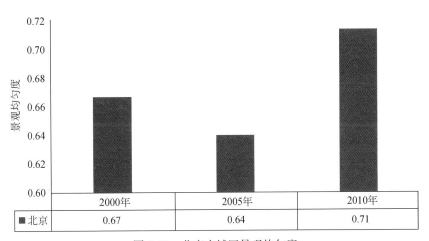

	2000年	2005年	2010年
北京	0.67	0.64	0.71

图 8-20 北京主城区景观均匀度

从北京城六区的尺度看，东城区和西城区的不透水地表比例要明显高于海淀区、朝阳区、丰台区和石景山区（图8-21）。相反，东城区和西城区的植被和裸地比例则要明显低于其他四区。主城区中非城六区的区域，其不透水地表比例要略低于城六区，而植被比例则要略高于城六区。各辖区景观格局的差异反映出城市内部的城市化水平也存在空间异质性。东、西城区基本都处于北京三环之内，属于老城区。其悠久的历史，以及在中国核心的政治地位使得其城市化程度要高于其他四区。其他四区都不同程度地存在农田景观，使得这些区的某些区域未划分为主城区。

从城六区的景观格局动态变化来看，城六区的不透水地表比例总体是下降趋势，植被

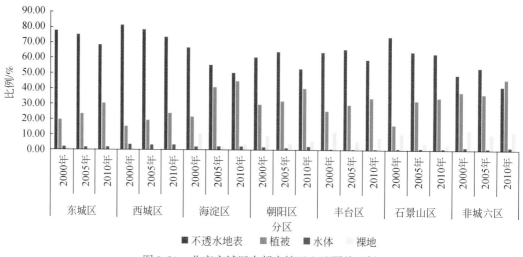

图 8-21 北京主城区内部市辖区土地覆盖比例

总体是上升趋势，裸地在城市扩张的压力下，也呈现明显的下降特征。朝阳区和丰台区的不透水地表比例与其他四区略有不同，表现为前 5 年（2000～2005 年）不透水地表比例上升，后 5 年（2005～2010 年）下降。这表明朝阳区与丰台区在 2000～2005 年的城市化特征与其他四区略有不同。

从斑块的破碎度看（图 8-22、图 8-23），城六区中植被景观最为破碎，具有最大的斑块密度和最小的平均斑块面积。植被的破碎度在东城区和西城区最高，其斑块密度显著大于其他城区，而平均斑块面积要显著小于其他城区。东城区、西城区和丰台区的不透水地表斑块有着较大的平均斑块面积，表明这 3 个城区的不透水地表较为连续。相反，海淀区不透水地表最为破碎，表现为其平均斑块面积最小。

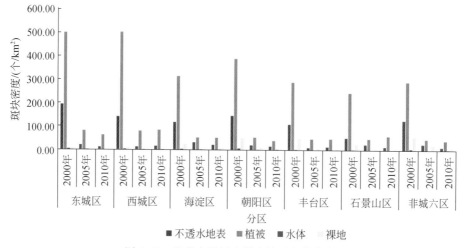

图 8-22 北京主城区内部市辖区斑块密度

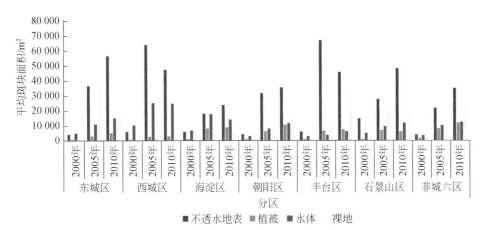

图 8-23 北京主城区内部市辖区平均斑块面积

从景观斑块的动态变化看，不透水地表的斑块特征变化最为显著，东城区和石景山区的不透水地表变得更加完整和连续，表现为不透水地表在斑块密度下降的同时平均斑块面积有明显增大。相反，西城区和丰台区的不透水地表变得更加破碎，其平均斑块面积显著减小。表明东城区和石景山区可能经历着更加快速的城市化过程。

8.2.2　天津景观格局特征与演变

天津主城区 2000～2005 年的斑块密度有所增加（图 8-24），而平均斑块面积明显减少（图 8-25）；而到 2010 年，斑块密度与平均斑块面积又恢复到与 2000 年相当的水平。这反映了天津主城区内的景观在 2000～2005 年变得更加破碎，而在 2005～2010 年景观破碎化程度减小，景观斑块变得更加连续。从各景观组成看，各类土地覆盖的景观格局变化与整体的变化趋势基本相同。其中，裸地的变化最为剧烈，其平均斑块面积变化在 10 倍以上，这可能是与农田作物的季节性特征有关。水体的平均斑块面积最大，而斑块密度最小，说明天津的水体由若干大面积连续分布的水体斑块构成。从景观均匀度来看（图 8-26），主城区内的均匀度是先下降后上升，表明天津主城区内的各土地覆盖比例在 2010 年最均匀。

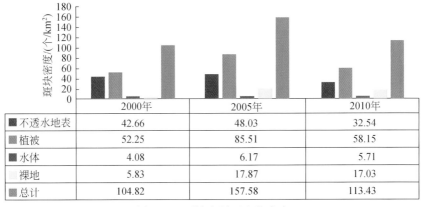

	2000年	2005年	2010年
不透水地表	42.66	48.03	32.54
植被	52.25	85.51	58.15
水体	4.08	6.17	5.71
裸地	5.83	17.87	17.03
总计	104.82	157.58	113.43

图 8-24　天津主城区斑块密度

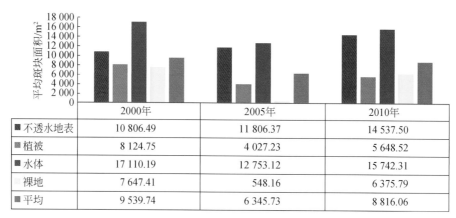

	2000年	2005年	2010年
■ 不透水地表	10 806.49	11 806.37	14 537.50
■ 植被	8 124.75	4 027.23	5 648.52
■ 水体	17 110.19	12 753.12	15 742.31
裸地	7 647.41	548.16	6 375.79
■ 平均	9 539.74	6 345.73	8 816.06

图 8-25　天津主城区平均斑块面积

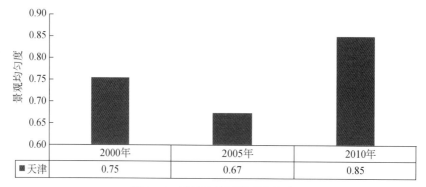

	2000年	2005年	2010年
■ 天津	0.75	0.67	0.85

图 8-26　天津主城区景观均匀度

从天津六区的景观格局看，6 个行政区的土地覆盖比例差异不大（图 8-27），且在 10 年中的变化也比较一致，说明了 6 个行政区的城市化程度相似。主城区中非六区的区域，其不透水地表比例要略低于城六区，而植被比例则要略高于城六区，说明天津六区的城市化水平要高于非六区的区域。

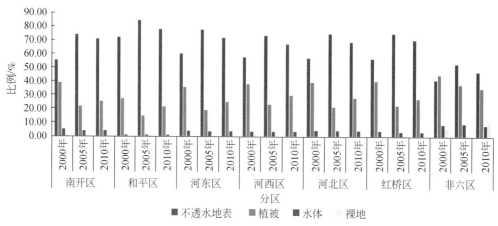

图 8-27　天津主城区内部市辖区土地覆盖比例

从天津六区的景观格局动态变化来看，六区的不透水地表比例与主城区的总体趋势一致，在 2000~2005 年上升，2005~2010 年下降，2010 年比 2000 年的不透水地表比例要略高一些。植被的总体趋势是先下降再上升，2010 年的植被覆盖要略低于 2000 年的植被覆盖。水体在六区中的比例很小，且在六区中分布的差异不大。裸地的比重在六区中均很小，这是由于天津的六区都属于核心主城区，农田比例小。

斑块密度在天津 6 个市辖区中的分布差异不显著（图 8-28），但明显大于非市辖区的斑块密度，说明了市辖区中的斑块更加破碎。植被斑块密度在市辖区及非主城区的差异最为显著，非主城区的植被斑块密度显著小于市辖区，而平均斑块面积则显著大于市辖区，表明植被景观在非市辖区分布更为集中的特征（图 8-29）。

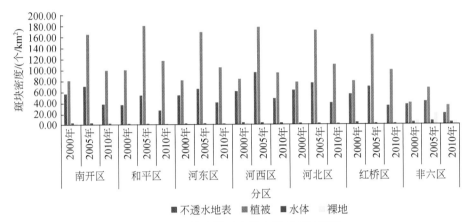

图 8-28　天津主城区内部市辖区斑块密度

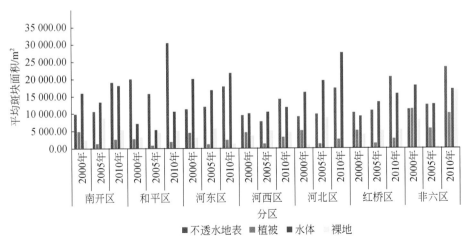

图 8-29　天津主城区内部市辖区平均斑块面积

从景观斑块的动态变化看，植被和不透水地表的斑块密度在 2000~2005 年及 2005~2010 年均发生了明显的变化，并且 6 个市辖区内的变化较一致，主要趋势是先升高后降低。六区中不透水地表的平均斑块面积在 2000~2010 年有明显的增大，而植被平均斑块面积的整体趋势是减小，不同市辖区在两个时期的变化特征表现得略有差异。

8.2.3 唐山景观格局特征与演变

唐山主城区 2000～2010 年的斑块密度显著减少（图 8-30），而平均斑块面积明显增加（图 8-31）。这反映了唐山主城区内的景观在 10 年间变得更加连续。从不同土地覆盖类型看，植被和不透水地表的变化最为剧烈。虽然植被的斑块数量有显著下降，平均斑块面积略有上升，但其比例也有明显下降。这说明唐山的植被斑块并不一定是变得更加完整和连续，也可能只是大量小面积斑块被侵占，导致植被斑块数量减少，平均斑块面积增加。不透水地表的斑块密度先升后降，而平均斑块面积则先降后升，反映了不透水地表在 2000～2005 年变得更加破碎，而在 2005～2010 年变得更加连续，这可能是在 2000～2005 年新增了许多不透水地表斑块，这些小斑块在 2005～2010 年连通成为大斑块。在唐山主城区中，水体与裸地斑块的变化也十分显著，10 年间水体和裸地的面积有显著的增加。其中，水体的变化与路南区南湖水场的建设有关，而裸地的变化则与新增主城区中新增的农田有密切的联系。从景观均匀度来看（图 8-32），主城区内的均匀度持续上升。表明唐山主城区内的各土地覆盖比例在逐渐变均匀。

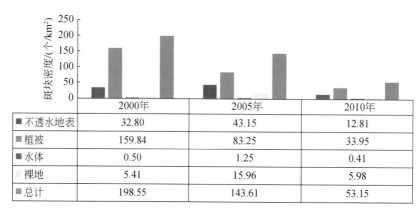

斑块密度/(个/km²)	2000年	2005年	2010年
■不透水地表	32.80	43.15	12.81
■植被	159.84	83.25	33.95
■水体	0.50	1.25	0.41
裸地	5.41	15.96	5.98
■总计	198.55	143.61	53.15

图 8-30 唐山主城区斑块密度

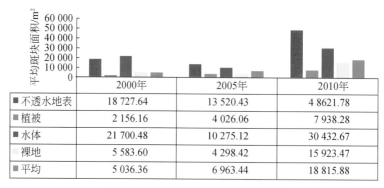

平均斑块面积/m²	2000年	2005年	2010年
■不透水地表	18 727.64	13 520.43	4 8621.78
■植被	2 156.16	4 026.06	7 938.28
■水体	21 700.48	10 275.12	30 432.67
裸地	5 583.60	4 298.42	15 923.47
■平均	5 036.36	6 963.44	18 815.88

图 8-31 唐山主城区平均斑块面积

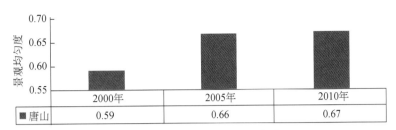

图 8-32　唐山主城区景观均匀度

　　从唐山主城区内的路南区、路北区及非市辖区的景观格局看，三区内的景观格局比较相似（图 8-33），不透水地表比例在非市辖区中略低，而裸地比例在非市辖区中十分突出，反映了非市辖区的主城区中农田的比例较高。植被在市辖区中的动态变化是先升后降，10 年整体变化不大。而在非市辖区中，植被则持续减少，而裸地和不透水地表则持续上升。这反映出市辖区的景观格局与变化较为一致，且与非市辖区有所不同。尤其是2000～2005 年，不透水地表和植被在市辖区和非市辖区的变化是相反的。

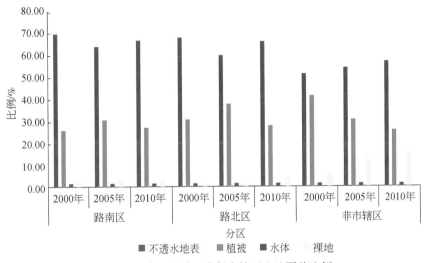

图 8-33　唐山主城区内部市辖区土地覆盖比例

　　从各区的斑块密度（图 8-34）和平均斑块面积看（图 8-35），非市辖区的不透水地表和植被的斑块密度略低于路南区和路北区，而平均斑块面积无明显差异，这说明非市辖区的斑块更加完整和连续。路南区水体的平均斑块面积显著大于其他区，这与该区南湖水场的建设有着密切的关系。

　　从景观斑块的动态变化看，市辖区与非市辖区中各类型景观斑块的密度在减小，而平均斑块面积在增加，反映了唐山的城市景观变得更加连续与紧凑。斑块的变化在市辖区与非市辖区无明显差异，反映出市辖区内外斑块的配置方式趋于相同。

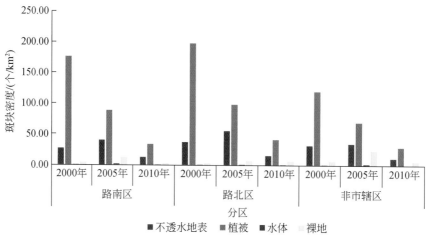

图 8-34　唐山主城区内部市辖区斑块密度

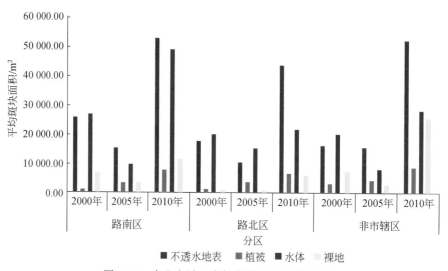

图 8-35　唐山主城区内部市辖区平均斑块面积

8.2.4　北京、天津、唐山景观格局变化对比

　　北京、天津、唐山 3 个重点城市的主城区景观格局差异较大，且 2000～2010 年其景观格局变化各异。3 个城市中北京的不透水地表最为连续，唐山次之，天津最为破碎。唐山的不透水地表的斑块特征变化最为明显。从整体的动态变化来看，3 个重点城市的景观都在变得相对均匀。3 个城市的破碎化程度都在减弱，在城市尺度及市辖区尺度上，3 个城市的斑块密度均在减小，且平均斑块面积均在上升（图 8-36 和图 8-37）。在 3 个城市景观组成中，植被的动态变化程度最大，不透水地表和裸地次之，水体的变化最小。

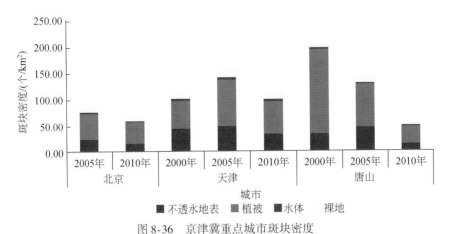

图 8-36　京津冀重点城市斑块密度

注：北京 2000 年与 2005 年和 2010 年覆盖遥感数据有较大差别，故此处不参与比较。

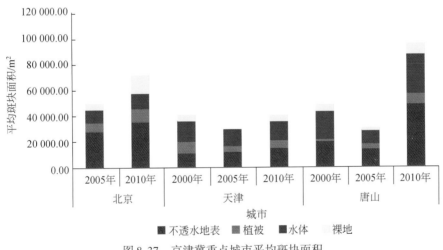

图 8-37　京津冀重点城市平均斑块面积

从 3 个重点城市的景观格局来看，天津的景观均匀度是最高的（图 8-38），这与天津的大块连续水体有关。从不透水地表的景观格局及变化看，北京不透水地表的斑块密度较低，这是由于北京是高度城市化的大都市，常存在大片连续的不透水地表；天津和北京相比，斑块密度较高而平均斑块面积低，表明天津相较北京而言，不透水地表的景观基质镶嵌着更多绿地、水体、耕地等其他斑块；唐山不透水地表的斑块特征变化最为明显，2000 年、2005 年其斑块密度较高而 2010 年显著降低，2000 年、2005 年平均斑块面积较小而 2010 年显著增大，这反映了唐山在 2000～2010 年虽然主城区扩张较小，但其内部的景观格局变化剧烈。从植被斑块及其变化看，北京和天津的植被斑块密度相近，北京植被在 2005～2010 年平均斑块面积增加，天津植被在 2000～2005 年平均斑块面积明显减少，在 2005～2010 年又增加；唐山的植被斑块特征变化最为明显，2000～2010 年植被斑块密度明显减少，平均斑块面积明显增大，同时整个主城区内的植被比例也有明显下降，这反映了唐山植被比例的下降，很可能是由于大量小面积植被斑块的消失所致。3 个城市中，唐山的斑块变化最为剧烈，各类景观的斑块面积都有显著增大。

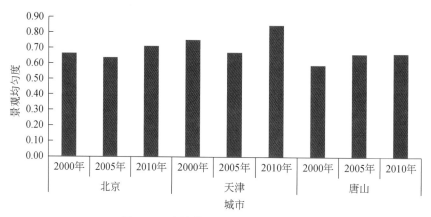

图 8-38　京津冀重点城市景观均匀度

第9章 | 重点城市城市化的生态环境效应

城市生态系统相对于自然生态系统具有高能耗、高环境污染、低自然资源储备的特点。京津冀城市群作为中国北方政治、文化、经济的重要核心区域，随着工业化、城镇化进程的加快，经济发展取得成绩的同时，也面临着愈发严峻的生态环境问题。尤其是京津唐区域，其核心城市北京和天津，分别是中国的政治中心和北方经济中心，随着人口持续向城区迁移，城市建成区规模的不断扩大，京津两地的环境承载力面临着极大的挑战（周文华和王如松，2005）。而唐山作为典型的传统工业基地，随着重工业不断地从北京等地向该地区的转移，不合理的产业结构进一步破坏了生态环境。京津唐区域成为京津冀区域大气污染、水污染、资源环境与发展矛盾最为突出的地方。目前，有关城市生态环境状况的研究多基于区域或城市等较大尺度，而城市内部精细的生态质量变化，即对城市建成区尺度上的生态环境问题研究较少（刘耀彬等，2005；白艳莹等，2003；曹喆和张淑娜，2002）。而城市的建成区作为城市人口的聚集地，是人类消耗自然资源及能源最多的空间地域，大量的人工设施，不仅生产了破坏城市环境的污染物质，还改变了原来的土地覆盖类型和景观格局，打破了城市生态平衡，造成区域物理环境的变化，是城市生态环境污染的重要来源。因此，探究城市建成区生态质量变化特征，有助于理解城市内部要素的变迁及其环境影响，更有利于把握城市发展规律。

本章对京津冀重点城市，北京、天津和唐山建成区 2000～2010 年生态质量变化特征和 3 个重点城市的资源环境利用效率指标变化和生态环境胁迫变化等特征进行了深入的分析，探究了重点城市的生态、资源环境质量变化规律，为制定相应的城市发展战略与措施提供科学依据。

9.1 重点城市生态质量特征与变化

城市绿地，因其可调节城市气候和水循环、降低噪声、减缓空气污染，同时又可提供观赏价值，减轻居民生活压力，是评价城市生态质量优劣和城市可持续发展的关键要素之一。城市绿地的大小和空间分布结构影响城市的生态环境质量和生态系统平衡。通过对 2000～2010 年北京、天津、唐山城市建成区绿地构成、面积变化及空间分布特征的分析，以及 3 个城市的对比分析发现（Qian et al.，2015；俞金国和王丽华，2007）：

北京：从绿地构成看，建成区绿地面积比例在 2000～2010 年持续上升；与其他土地覆盖类型相比，绿地斑块最为破碎。空间上，城六区的基尼系数在 2000~2010 年都小于 0.1，绿地在建成区中分布比较均匀。人均绿地面积在东城区和西城区虽表现出先上升后下降的趋势，但两区的生态质量指数则表现为一直上升的趋势。

天津：从绿地构成看，建成区绿地面积比例在 2000~2010 年先上升后下降；与其他土地覆盖类型相比，绿地斑块最为破碎。空间上，城六区的基尼系数在 2000~2010 年都小于 0.08，绿地在建成区中分布比较均匀。各市辖区的人均绿地面积和生态质量指数表现为先降后升，但在 10 年中，整体上还是表现为明显的下降，生态质量有所恶化。

唐山：从绿地构成看，建成区绿地面积比例在 2000~2010 年持续下降；与其他土地覆盖类型相比，绿地斑块最为破碎。空间上，两个市辖区的基尼系数在 2000~2010 年都基本小于 0.1，绿地在建成区中分布比较均匀。在 10 年中，唐山的人均绿地面积和生态质量指数整体表现为略有下降，生态质量有所恶化。

综合建成区绿地面积比例、人均绿地面积和生态质量指数的变化，可以发现，北京的生态质量一直处于上升的趋势，城市绿色基础设施在 10 年间有所改善。而天津各指标整体上表现出明显的减少，生态质量有所恶化。唐山则表现出先上升后下降的趋势，生态质量整体上也有所恶化。空间上，在城市建成区，从绿地的基尼系数看，3 个重点城市的差别不大，其数值都基本低于 0.1，绿地的分布在 3 个城市都是比较均匀的。对比分析发现，唐山的生态质量指数值最高，而北京和天津的指数值明显低于唐山。

9.1.1 北京生态质量

从绿地构成看，建成区绿地面积比例在 2000~2010 年持续上升（图 9-1），由 2000 年的 25.91%，上升到 2005 年的 33.59%，最后达到了 2010 年的 42.02%。绿地的斑块密度远大于其他土地覆盖类型，而其平均斑块面积却基本处于最低水平（图 9-2 和图 9-3），说明绿地斑块在 4 类土地覆盖中最为破碎。

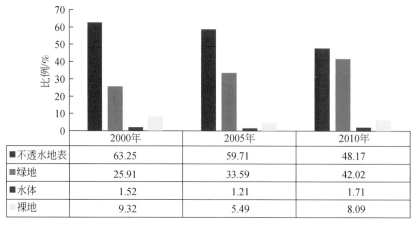

	2000年	2005年	2010年
■不透水地表	63.25	59.71	48.17
■绿地	25.91	33.59	42.02
■水体	1.52	1.21	1.71
裸地	9.32	5.49	8.09

图 9-1　北京建成区土地覆盖比例

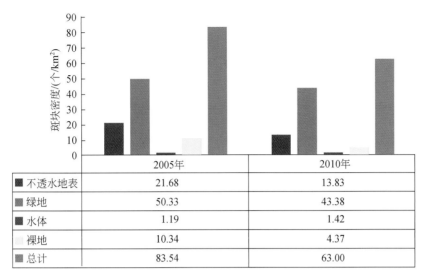

图 9-2　北京建成区斑块密度

注：北京 2000 年数据分辨率不同，斑块密度和平均斑块面积缺少可比性。

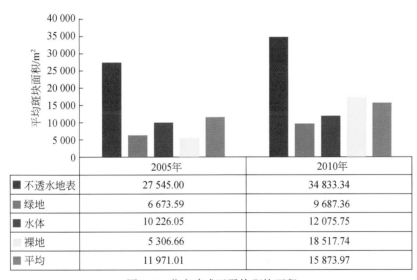

图 9-3　北京建成区平均斑块面积

从城六区看，各个区的绿地覆盖比例均稳定上升。2000~2010 年，城六区中的绿地比例上升了 10.41%。其中海淀区、石景山区和东城区上升的比例较大，分别为 18.64%、11.49% 和 10.55%，而丰台区、朝阳区和西城区上升的较小，分别为 5.92%、7.18% 和 8.68%。绿地的基尼系数可用来衡量绿地在空间上的分布状态，其值在 0~1，值越小说明空间分布越均匀。城六区的基尼系数在 2000~2010 年都小于 0.1（图9-4），说明绿地在建成区中的空间分布比较均匀。同时，各个时期绿地转变为不透水地表比例较大（表9-1）。

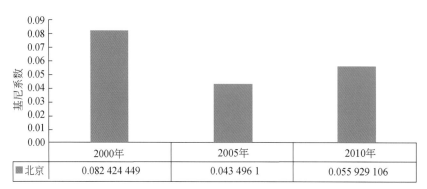

图 9-4　北京绿地基尼系数

表 9-1　北京建成区中各用地类型转换为不透水地表的比例　（单位:%）

时段	绿地→不透水地表	水体→不透水地表	裸地→不透水地表
2000~2005 年	69.88	3.05	27.07
2005~2010 年	79.23	2.16	18.61
2000~2010 年	69.44	3.02	27.53

注：以 3 期影像公共边界为基准。

　　人均绿地面积在东城区和西城区表现出先上升后下降的趋势（图 9-5），而两区的生态质量指数则表现为一直上升的趋势（图 9-6），反映出城市绿色基础设施在 10 年间有所改善。

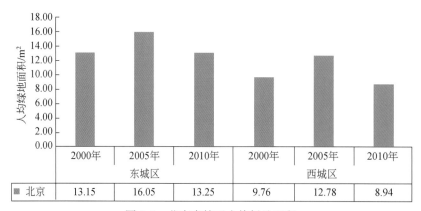

图 9-5　北京市辖区人均绿地面积
注：分析统计数据与遥感数据边界能完整匹配的市辖区。

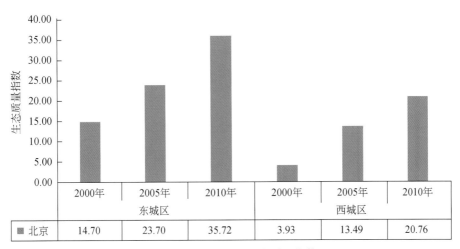

图 9-6　北京市辖区生态质量指数

9.1.2　天津生态质量

从绿地构成看，建成区绿地面积比例在 2000～2010 年持续下降（图 9-7），由 2000 年的 42.45% 下降到 2010 年的 32.85%。绿地的斑块密度远大于其他土地覆盖类型，而其平均斑块面积却基本处于最低水平，说明绿地斑块在 4 类土地覆盖中最为破碎。同时，各时间段中绿地转变为不透水地表比例较大（表 9-2）。

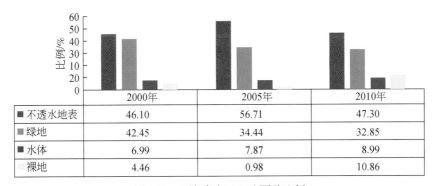

图 9-7　天津建成区土地覆盖比例

表 9-2　天津建成区中各用地类型转换为不透水地表的比例　　　　（单位：%）

时段	绿地→不透水地表	水体→不透水地表	裸地→不透水地表
2000～2005 年	70.93	16.49	12.59
2005～2010 年	72.27	25.96	1.77
2000～2010 年	71.43	16.75	11.82

从 6 个市辖区看，绿地比例在各个区内整体上都在下降。其中，市辖区内的绿地是先降后升，而非市辖区内的绿地则是一直下降。2000～2010 年，城六区中的绿地比例整体下降了 10.44%。其中和平区下降的最少，为 5.78%。而南开区、河东区、红桥区等都下降了超过 10%。城六区的基尼系数在 2000～2010 年都小于 0.08（图 9-8），说明绿地在建成区中的空间分布比较均匀。

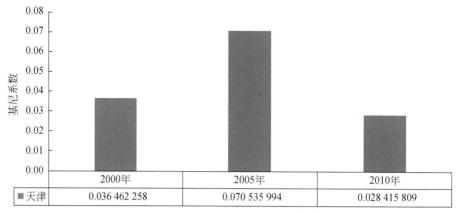

图 9-8　天津绿地基尼指数

各市辖区的人均绿地面积与绿地比例一样（图 9-9），表现出了先降后升的趋势，但是在 10 年中，天津整体上还是表现为明显的下降。这与人口的相对稳定及绿地的显著变化有密切的关系。生态质量指数由人均绿地面积和绿地比例构成，故同样表现出了先降后升的变化趋势，整体上呈下降趋势（图 9-10）。反映出天津在 10 年的城市化过程中，生态质量有所恶化。

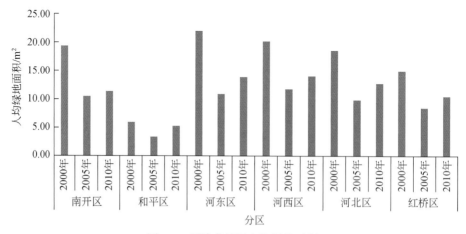

图 9-9　天津市辖区人均绿地面积

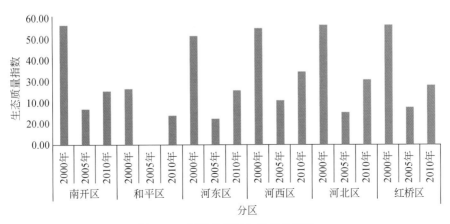

图 9-10 天津市辖区生态质量指数

9.1.3 唐山生态质量

2000～2010 年，唐山建成区绿地比例一直下降（图 9-11 和图 9-12），从 2000 年的 34.46%，下降到 2005 年的 32.84%，最后下降到 2010 年的 23.34%。绿地的斑块密度远大于其他土地覆盖类型，而其平均斑块面积却基本处于最低水平，说明绿地斑块在 4 类土地覆盖中最为破碎。

从两个市辖区看，绿地比例在 10 年中的变化不大。先在 2000～2005 年略有升高，然后到 2010 年又基本恢复到 2000 年的水平。而非市辖区内的绿地则是一直下降。路南区和路北区的基尼系数在 2000～2010 年都基本小于 0.1（图 9-13），表明绿地在建成区中的空间分布比较均匀。

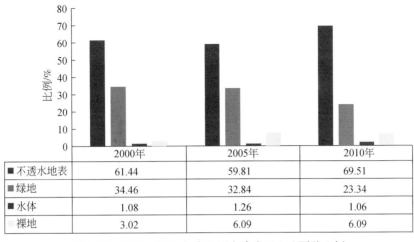

	2000年	2005年	2010年
不透水地表	61.44	59.81	69.51
绿地	34.46	32.84	23.34
水体	1.08	1.26	1.06
裸地	3.02	6.09	6.09

图 9-11　2000～2010 年唐山原有建成区土地覆盖比例

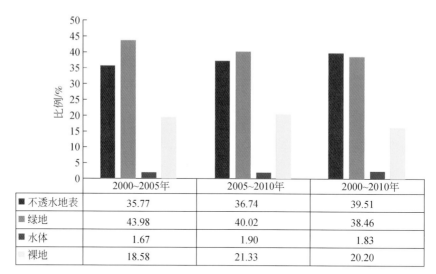

图 9-12　唐山新增建成区土地覆盖比例

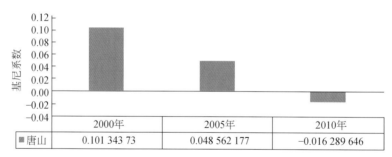

图 9-13　唐山绿地基尼系数

　　不同于绿地比例的变化趋势，路南区的人均绿地面积处于一直下降的趋势（图 9-14），而路北区的人均绿地面积变化趋势则与该区绿地比例的变化相同。在 10 年中，唐山的人

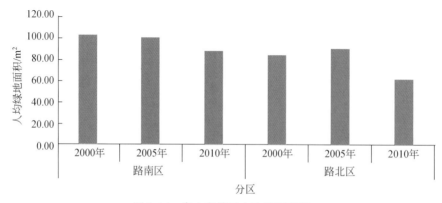

图 9-14　唐山市辖区人均绿地面积

均绿地面积整体表现为略有下降。另外，加上绿地比例的下降，唐山的生态质量指数在 10 年间表现为略有下降（图 9-15），其中 2005 年的生态质量指数表现最好。

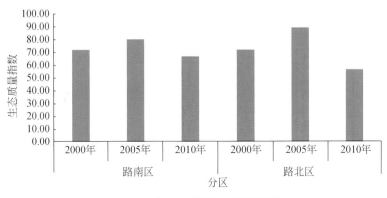

图 9-15　唐山市辖区生态质量指数

9.1.4　重点城市生态质量对比

3 个重点城市中，唐山的生态质量指数值最高，而北京和天津的指数值明显低于唐山。从生态质量指数的变化看，北京的生态质量一直处于上升的趋势，天津的生态质量指数在 2000～2005 年表现出明显的下降，然后又缓慢上升。而唐山则表现出先上升后下降的趋势。生态质量的变化，与市辖区的人口数量及绿地比例有着密切的关系，反映了城市的绿色基础设施建设，以及人均占有的绿色空间（图 9-16）。从绿地的基尼系数看，3 个重点城市的差别不大，其数值都基本低于 0.1，反映了在 3 个重点城市，绿地的分布在空间是比较均匀的（图 9-17）。

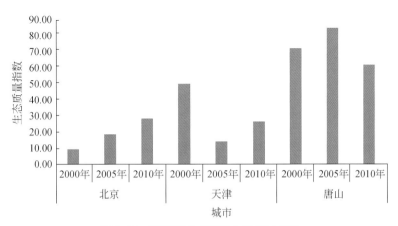

图 9-16　京津冀重点城市生态质量指数

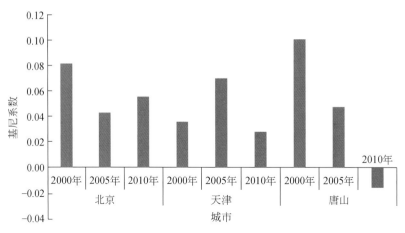

图 9-17 京津冀重点城市绿地基尼系数

9.2 重点城市资源环境利用效率变化

资源快速利用产生经济效益的同时，常伴随着污染物的产生。污染物主要来源于工业和人们生活排放的"三废"，即废水、废渣、废气；其中常见的废水污染物包括 COD、氨氮类等污染物；废气包括 SO_2、烟尘、粉尘和 NO_x 等污染物。一个城市单位 GDP 和人均各污染物的排放情况，代表了该区的资源环境利用效率，掌握一个城市的资源环境利用效率，有助于把握城市在发展过程中，资源利用、经济效益和环境影响三者之间的协调关系，实现城市的可持续发展（王成金等，2011；周国富，2007）。本节通过分析北京、天津、唐山单位 GDP 和人均各污染物的排放情况，探究重点城市资源环境利用效率情况，发现如下结果。

北京：SO_2 排放量以工业为主，主要来源于郊县区，市中心排放相对较低；且无论是工业排放量还是生活排放量，整体上都呈现逐年下降的趋势。COD 排放量以生活为主，各区排放量相当，市区相对偏高；工业排放产生的 COD 很少，多集中于郊县区。工业排放和生活排放整体上均呈现逐年下降的趋势。烟粉尘排放量以工业为主，多集中于石景山、门头沟和房山等区域；生活排放量相对较少，尤其是在中心城区。从各指标值的年际变化上看，无论是工业资源利用效率还是生活资源利用效率，各区县变化不同，但整体上呈上升趋势。

天津：SO_2 排放量以工业为主，主要来源于郊县区，市中心排放相对较低。COD 排放量以生活为主，主要来源于人口较多的市中心区，工业排放产生的 COD 相对较少，多集中于郊县区。烟粉尘排放量以工业为主，除位于市中心的东丽区较高以外，其他基本相当，生活烟尘排放量较少，多集中于市区。从各指标值的年际变化上看，各区县资源利用效率整体上呈上升趋势。

唐山：SO_2 排放量以工业为主，主要来源于市区，各区县市排放量基本呈下降趋势，生活排放量很少，各区县市排放量相当且呈波动发展趋势。COD 排放量多以工业为主，主要来源于郊县区；而生活排放主要来源于市区。总排放量呈逐年下降趋势。烟粉尘排放以工业为主，除位于市中心的路北区以外，其他区县市的排放量基本相当且整体上逐年下降。

重点城市的 SO_2 排放量北京最低，天津和唐山相当，均以工业排放为主，但天津、唐山的工业 SO_2 排放量占全部 SO_2 排放量较高。而在 COD 排放量中，北京的排放总量最大，唐山的排放总量少于北京、天津。但是北京因城市较大，人口众多，消费耗资较大，COD 以生活排放为主；而唐山是典型的重工业城市，其 COD 排放量虽然相对较少，但其以工业生产为主，COD 排放主要来源于工业排放。天津因既注重消费又注重工业发展，所以COD 虽然以生活排放为主，但工业排放也不低。由于唐山为重工业城市，单位 GDP 烟粉尘排放量仍以唐山为最高，天津次之，北京为最低。3 个城市的单位 GDP 各污染物排放量均在逐年下降。京津冀地区近年通过积极采取加强燃煤污染控制，实施火电企业脱硫设施更新，开展电力燃煤锅炉脱硫治理工程等措施积极推进各种污染治理，深化资源利用技术革新，资源利用效率得到了有效的提高。北京的资源利用效率要高于天津和唐山。例如，虽然唐山的 COD 总排放量少于北京和天津，但是其单位 GDP COD 的排放量为最高，而总排放量最高的北京，其单位 GDP COD 排放量为最低。

9.2.1 北京资源环境利用效率

北京各区县的单位 GDP 工业 SO_2 排放量显示（图 9-18），石景山区仍然为各区县最高，在 2006 年达到 28.6kg/万元，但其一直处于下降的过程中，尤其是 2006～2008 年其单位 GDP 工业 SO_2 排放量下降了 61%。除大兴区外，其他各区县单位 GDP 工业 SO_2 排放量也基本在逐年下降。

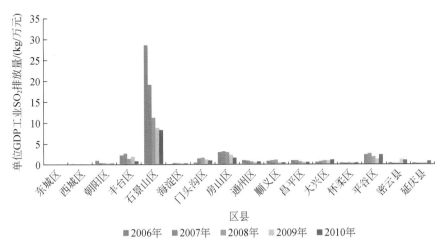

图 9-18 2006～2010 年北京各区县单位 GDP 工业 SO_2 排放情况

与工业 SO_2 排放量不同的是延庆县（现为延庆区）的单位 GDP 生活 SO_2 排放量为最高，东城区、西城区为最低，朝阳区、海淀区也相对较低，其他基本相当（图 9-19）。单位 GDP 生活 SO$_2$ 排放量基本呈现城市中心区要比郊区低的格局，说明中心区的资源利用效率要相对较高。各区县的单位 GDP 生活 SO$_2$ 排放量基本呈现下降的趋势，但在 2006 年，除城六区外，其他区县均有大幅度的上升。

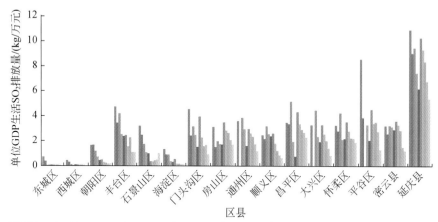

图 9-19　2001～2010 年北京各区县单位 GDP 生活 SO$_2$ 排放情况

北京各区县的人均工业 SO$_2$ 排放量仍然以石景山区为最高（图 9-20），在 2006 年时达到 165.6kg，到 2008 年后降低到 66.9kg，但仍为全市最高。除丰台区在 8.4kg 左右外，其他各区县均低于 5kg。

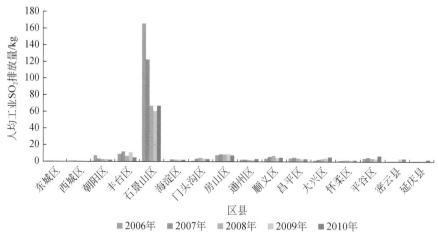

图 9-20　2006～2010 年北京各区县人均工业 SO$_2$ 排放情况

2006～2010 年，昌平区、延庆县的人均生活 SO$_2$ 排放量较高，而在 2001～2005 年，延庆县、顺义区、丰台区的人均生活 SO$_2$ 排放量高于其他区县（图 9-21）。东城区和西城区的人均生活 SO$_2$ 排放量为市内最低。另外，东城区、西城区、朝阳区、丰台区、海淀区等中心城区及门头沟区的人均生活 SO$_2$ 排放量均呈下降趋势，而其他区县在 2006 年有一

次明显的上升，然后再逐年下降。例如，昌平区的人均生活 SO_2 排放量在 2005 年为
2.9kg，到 2006 年上升到 19.6kg，增长了 85%。

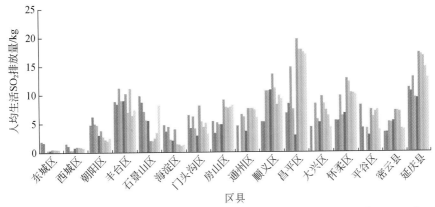

图 9-21　2001～2010 年北京各区县人均生活 SO_2 排放情况

北京各区县中，平谷区与房山区的单位 GDP 工业 COD 排放量相对较高，而东城区、
西城区与海淀区最低，平均都不到 0.01kg/万元（图 9-22）。2006～2010 年，各区县的单
位 GDP 工业 COD 排放量均在逐年下降，其中下降速度最快的为密云县（现为密云区）和
延庆县，均达 90% 以上。但平谷区在 2009 年时有较明显的增加。

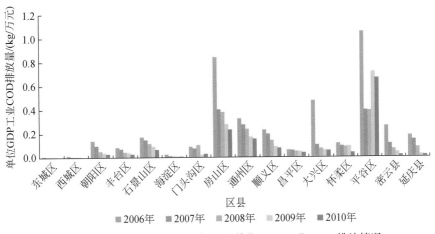

图 9-22　2006～2010 年北京各区县单位 GDP 工业 COD 排放情况

门头沟区的单位 GDP 生活 COD 排放量总体表现为市内最高，顺义区、密云县的单位
GDP 生活 COD 排放量较低（图 9-23）。2006～2010 年，各区县的单位 GDP 生活 COD 排放
量均在逐年下降。其中，顺义区的单位 GDP 生活 COD 排放量下降了 94%，延庆县下降
了 90%。

人均工业 COD 排放量显示，房山区、顺义区、平谷区及通州区排放量较高，而东城

区、西城区及海淀区的人均工业 COD 排放量较低，如东城区人均工业 COD 排放量平均为 0.02kg，西城区和海淀区均不超过 1kg（图 9-24）。2006～2010 年，各区县的人均工业 COD 排放量基本都呈下降的趋势。其中，密云县下降了 91%，下降最为明显，延庆县的人均工业 COD 排放量也下降了 89%。平谷区人均工业 COD 排放量在 2007 年下降到 0.7kg，但在 2009 年又反弹到 1.9kg。

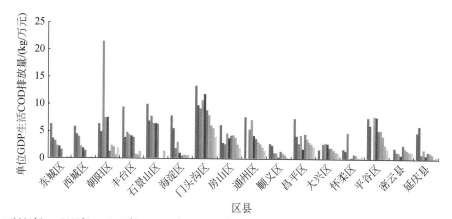

图 9-23　2001～2010 年北京各区县单位 GDP 生活 COD 排放情况

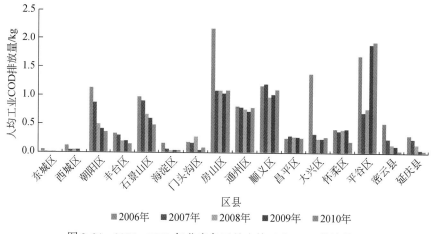

图 9-24　2006～2010 年北京各区县人均工业 COD 排放情况

石景山区的人均生活 COD 排放量整体上较高（图 9-25），朝阳区 2003～2005 年的人均生活 COD 排放量平均也高达 65.6kg。总体上，东城区、西城区、丰台区等城六区的人均生活 COD 排放量要高于其他区县。2001～2010 年，北京各区县人均生活 COD 排放量基本呈下降的趋势。其中，海淀区的人均生活 COD 排放量下降明显，从 2001 年的 28.1kg 下降到 2009 年的 6.6kg，下降了 77%。

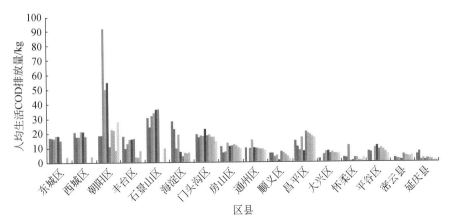

图 9-25 2001~2010 年北京各区县人均生活 COD 排放情况

平谷区、房山区、顺义区及通州区的单位 GDP 工业 COD 排放量及人均工业 COD 排放量较高，表明这些区县的工业资源利用效率低于其他区县，而朝阳区、石景山区等中心城区的单位 GDP 生活 COD 排放量及人均生活 COD 排放量较高，表明这些区县的资源利用效率相对较低。

门头沟区、房山区及石景山区的单位 GDP 工业烟粉尘排放量较高，其中门头沟区、房山区的单位 GDP 工业烟粉尘排放量平均为 5.6kg/km² 和 5.5kg/km²。东城区及西城区的排放量最低。2006~2010 年北京大部分区县的单位 GDP 工业烟粉尘排放量呈下降趋势。其中，朝阳区虽然排放量较低，但其下降速度为 90%。石景山区的单位 GDP 工业烟粉尘排放量下降速度也有 85%，表明虽然石景山区的资源利用效率为城六区内最低，但状况在逐年好转（图 9-26）。

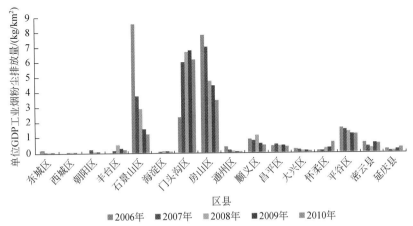

图 9-26 2006~2010 年北京各区县单位 GDP 工业烟粉尘排放情况

各区县中，延庆县单位 GDP 生活烟尘排放量最高，平均为 4.7kg/km²。东城区和西城区的的排放量最低，平均分别为 0.09kg/km² 和 0.07kg/km²。北京各区县的单位 GDP 生活烟尘排放量基本呈逐年下降的趋势。其中，朝阳区、丰台区及海淀区的下降速率均达到 90% 左右。而怀柔区的单位 GDP 生活烟尘排放量则有小幅上升。由图 9-27 可知，城六区的单位 GDP 生活烟尘排放量相对较低，表明城六区的资源利用效率高于其他区县。但丰台区的资源利用效率较其他五区相对较低。

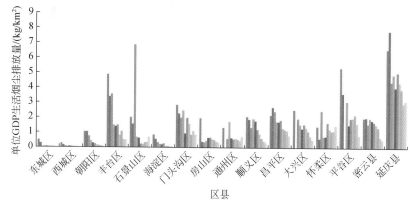

图 9-27　2001～2010 年北京各区县单位 GDP 生活烟尘排放情况

9.2.2　天津资源环境利用效率

天津各区县的单位 GDP 工业 SO₂ 排放量中，蓟县（现为蓟州区）的单位 GDP 工业 SO₂ 排放量为全市最高，在 2006 年为 30kg/万元；其次为东丽区，在 2006 年也达到 20kg/万元，和平区最低，平均为 0.11kg/万元。2006～2010 年，天津大部分区县的单位 GDP 工业 SO₂ 排放量在逐年下降。其中蓟县下降了 79%，为全市最快（图 9-28）。

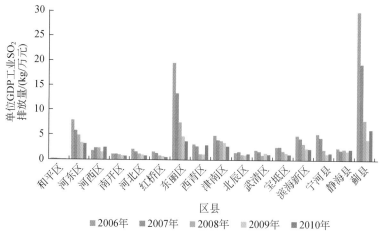

图 9-28　2006～2010 年天津各区县单位 GDP 工业 SO₂ 排放情况

南开区、河东区、河西区等区县单位 GDP 生活 SO_2 排放量较高，而滨海新区较低，平均只有 0.06kg/万元。2002 ~ 2010 年各区县的单位 GDP 生活 SO_2 排放量也在逐年下降。其中，和平区、河西区等市中心区下降基本达 90% 以上（图 9-29）。

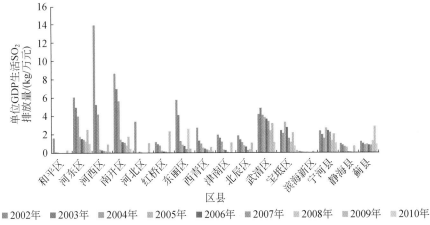

图 9-29　2002 ~ 2010 年天津各区县单位 GDP 生活 SO_2 排放情况

人均 SO_2 排放量显示，东丽区、滨海新区的人均工业 SO_2 排放量比其他区县高，平均达到 80kg 以上，和平区、红桥区等区县相对较低，平均只有 1.1kg。除河西区外，市中心其他五区的人均工业 SO_2 排放量均在下降，其他区县中，除东丽区、蓟县及宁河县（现为宁河区）在下降外都有上升的趋势。东丽区的人均生活 SO_2 排放量也高于其他区县。和平区、河北区及红桥区等市中心区则相对较低（图 9-30 和图 9-31）。

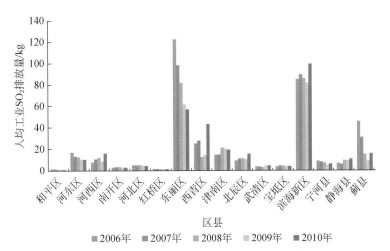

图 9-30　2006 ~ 2010 年天津各区县人均工业 SO_2 排放情况

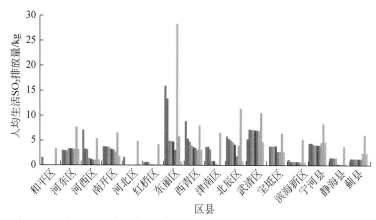

图 9-31　2002~2010 年天津各区县人均生活 SO_2 排放情况

单位 GDP SO_2 排放量及人均 SO_2 排放量表明，东丽区的生活资源利用效率相对较低，市中心六区的工业资源利用效率高于其他区县。

天津各区县的单位 GDP COD 排放量中，宁河县的单位 GDP 工业 COD 排放量为全市最高，但在 2006~2010 年下降较快。从 2006 年的 4.1kg/万元下降到 2010 年的 0.09kg/万元，下降了 98%（图 9-32）。

红桥区等市中心六区的单位 GDP 生活 COD 排放量要高于其他区县，除在 2004 年等年份中市中心六区的单位 GDP 生活 COD 排放量有明显的上升外，基本呈下降趋势（图 9-33）。

滨海新区、东丽区及宁河县的人均工业 COD 排放量在全市中高于其他区县，市中心六区的人均工业 COD 排放量总体低于市内其他非中心区县，且都在逐年下降。非中心区县中，宁河县人均工业 COD 排放量从 2006 年的 6.9kg 下降到 2010 年的 0.4kg，下降了 94%。其他区县下降速度相对较慢，且北辰区、武清区及蓟县等还有小幅的上升（图 9-34）。

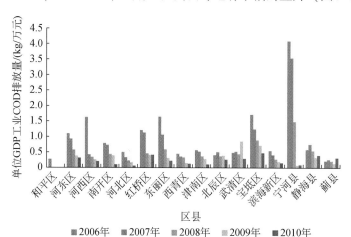

图 9-32　2006~2010 年天津各区县单位 GDP 工业 COD 排放情况

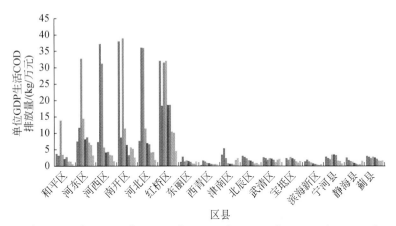

图 9-33 2002~2010 年天津各区县单位 GDP 生活 COD 排放情况

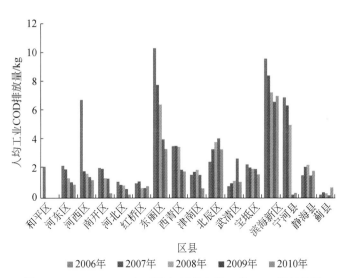

图 9-34 2006~2010 年天津各区县人均工业 COD 排放情况

与人均工业 COD 排放量相反，市中心六区的人均生活 COD 排放量高于其他区县。在 2004 年大幅度上升后虽然在 2006 年又有所降低，但基本不低于 15kg。其他非中心区县中，滨海新区的人均生活 COD 排放量相对较高，但在 2003 年后基本呈逐年下降趋势（图 9-35）。

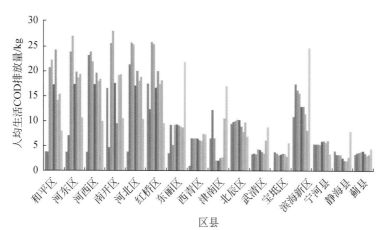

图 9-35　2002～2010 年天津各区县人均生活 COD 排放情况

　　单位 GDP COD 及人均 COD 排放量结果表明，天津市中心六区的生活资源利用效率较低，而其他非中心区的工业资源利用效率较低。

　　单位 GDP 工业烟粉尘排放量表明，东丽区为全市最高，其他基本相当，和平区最低，且都呈逐年下降的趋势。其中，东丽区从 2006 年的 8.8kg/万元下降到 2010 年的 1.2kg/万元，下降了 86%，为全市下降最快的区（图 9-36）。

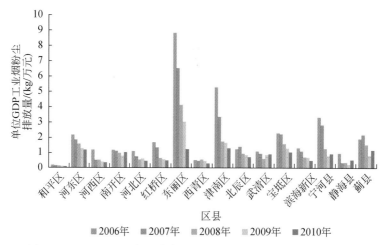

图 9-36　2006～2010 年天津各区县单位 GDP 工业烟粉尘排放情况

　　单位 GDP 生活烟尘排放量表明，除和平区及河北区外，其他中心区高于全市其他区县。且各区县的单位 GDP 生活烟尘排放量在 2002～2010 年均呈逐年下降趋势（图 9-37）。

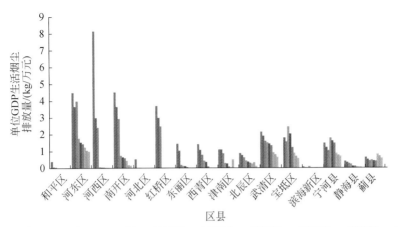

图 9-37　2002~2010 年天津各区县单位 GDP 生活烟尘排放情况

9.2.3　唐山资源环境利用效率

唐山各区县市中，市中心区的路北区、开平区单位 GDP 工业 SO₂ 排放量高于其他区县市。其中，开平区为最高，平均达 81kg/万元。各区县市的单位 GDP 工业 SO₂ 排放量基本呈下降趋势，其中开平区从 2006 年的 119kg/万元下降到 2010 年的 20kg/万元，下降了 83%（图 9-38）。

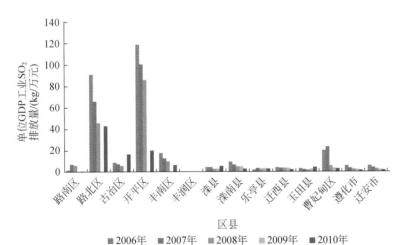

图 9-38　2006~2010 年唐山各区县市单位 GDP 工业 SO₂ 排放情况

注：曹妃甸区原为唐海县，2012 年改为现名，为增加认知程度特标为"曹妃甸区"。

古冶区的单位 GDP 生活 SO₂ 排放量为全市最高，路北区最低。2002~2010 年，各区县市的单位 GDP 生活 SO₂ 排放量呈波动发展的趋势。例如，古冶区在 2004 年显著上升到

3.8kg/万元后又逐年下降，到 2010 为 1kg/万元，下降了 74%（图 9-39）。

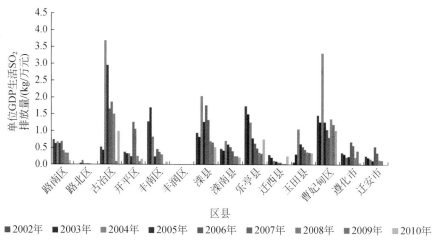

图 9-39　2002～2010 年唐山各区县市单位 GDP 生活 SO₂ 排放情况

唐山各区县市中，人均工业 SO₂ 排放量比人均生活 SO₂ 排放量高。开平区的人均工业 SO₂ 排放量高于其他区县市，平均达到 294kg。路南区人均工业 SO₂ 排放量最低，平均只有 5.2kg。除古冶区、滦县、乐亭县及玉田县的人均工业 SO₂ 排放量在逐年上升外，其他区县市均呈下降趋势。开平区的下降最为明显，在 2006～2010 年下降了 71%（图 9-40）。各区县市中，古冶区、曹妃甸区的人均生活 SO₂ 排放量较高，平均为 3.5kg，路北区最低，平均只有 0.02kg（图 9-41）。

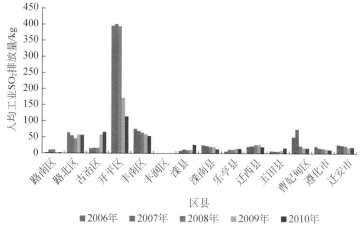

图 9-40　2006～2010 年唐山各区县市人均工业 SO₂ 排放情况

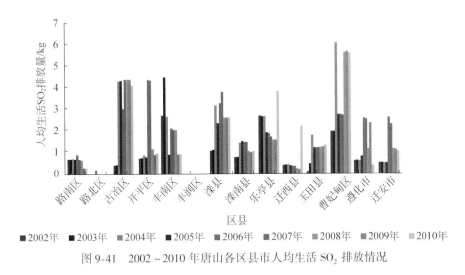

图 9-41 2002 ~ 2010 年唐山各区县市人均生活 SO_2 排放情况

唐山各区县市的单位 GDP 工业 COD 排放量与单位 GDP 生活 COD 排放量相差不大。其中，曹妃甸区的单位 GDP 工业 COD 排放量为全市最高，在 2006 年时高达 110kg/万元，其他区县市相对较低。2006 ~ 2010 年，各区县市的单位 GDP 工业 COD 排放量基本呈下降趋势。其中，曹妃甸区的下降幅度达 90%（图 9-42）。路南区、路北区、古冶区及开平区的单位 GDP 生活 COD 排放量高于其他区县市。各区县市的单位 GDP 生活 COD 排放量基本呈下降趋势。其中，路南区、开平区及丰南区下降了 95% 以上（图 9-43）。

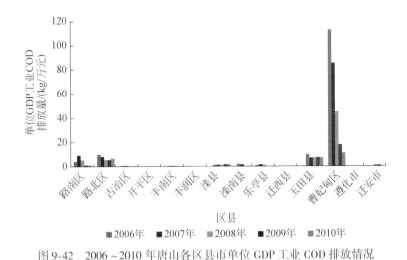

图 9-42 2006 ~ 2010 年唐山各区县市单位 GDP 工业 COD 排放情况

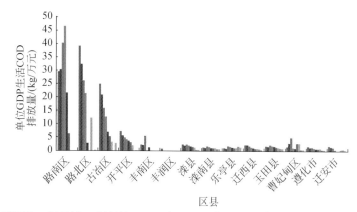

图 9-43 2002～2010 年唐山各区县市单位 GDP 生活 COD 排放情况

唐山各区县市的人均工业 COD 排放量高于人均生活 COD 排放量。其中，曹妃甸区的人均工业 COD 排放量为全市最高，在 2006 年时高达 272kg，其他区县市相对较低。2006～2010年，大多数区县市的人均工业 COD 排放量基本呈上升趋势，但曹妃甸区的人均工业 COD 排放量呈逐年下降趋势，到 2010 年下降了 78%（图 9-44）。

路南区、路北区、古冶区及开平区的人均生活 COD 排放量高于其他区县市。路南区、路北区、古冶区、开平区、丰南区及滦县等区县市的人均生活 COD 排放量基本呈下降趋势，但其他区县市基本呈上升趋势（图 9-45）。

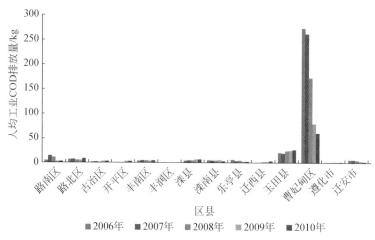

图 9-44 2006～2010 年唐山各区县市人均工业 COD 排放情况

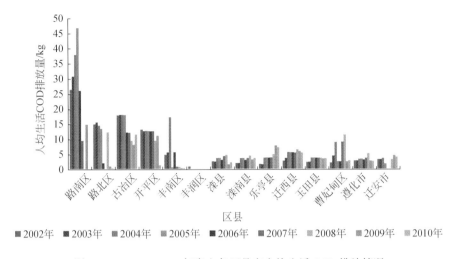

图 9-45 2002~2010 年唐山各区县市人均生活 COD 排放情况

唐山各区县市的单位 GDP 工业烟粉尘排放量高于单位 GDP 生活烟尘排放量。其中，路北区的单位 GDP 工业烟粉尘排放量为全市最高，尤其在 2006 年，达到 179kg/万元。各区县市的单位 GDP 工业烟粉尘排放量基本呈下降趋势。其中，路北区在 2006~2010 年下降了 92%，为全市最快（图 9-46）。

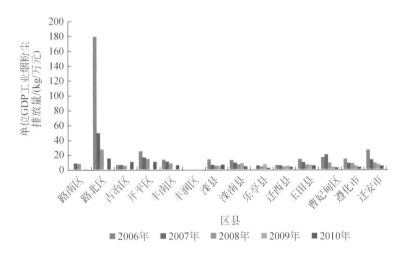

图 9-46 2006~2010 年唐山各区县市单位 GDP 工业烟粉尘排放情况

曹妃甸区的单位 GDP 生活烟尘排放量为全市最高。除开平区基本呈上升趋势外，其他区县市的单位 GDP 生活烟尘排放量基本呈下降趋势。其中，路南区、滦南县、乐亭县等的下降幅度均达 90% 以上（图 9-47）。

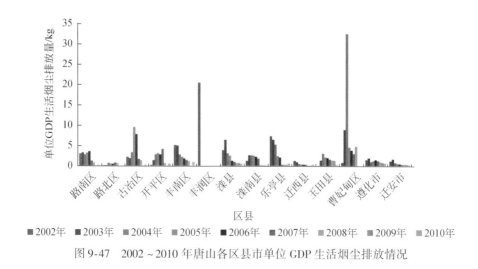

图 9-47　2002～2010 年唐山各区县市单位 GDP 生活烟尘排放情况

9.2.4　重点城市资源环境利用效率对比

重点城市的 SO_2 排放量北京最低，天津和唐山相当，均以工业排放为主（图 9-48），且天津、唐山的工业 SO_2 排放量占全部 SO_2 排放量比例较高，分别达到总排放量的 85% 和 96%。2000～2010 年，重点城市的 SO_2 排放量总体呈下降趋势，主要是工业排放量在下降，生活排放量除天津有明显下降外，北京、唐山的生活排放量基本保持不变或波动状态。

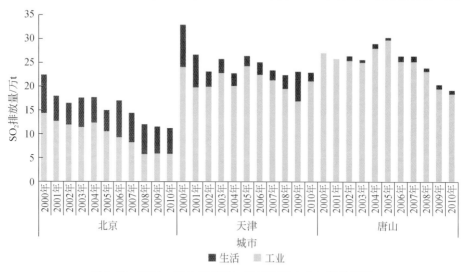

图 9-48　2000～2010 年北京、天津和唐山 SO_2 排放情况

北京、天津和唐山单位 GDP SO_2 排放量不论是工业、生活还是总排放量均呈逐年下降趋势（图 9-49）。其中，唐山单位 GDP 工业 SO_2 排放量下降明显，从 2000 年的 29.7kg/万元下降到 2010 年的 4.1kg/万元，下降了 86%。北京 2000 年单位 GDP SO_2 排放量为

9.04kg/万元，2010 年为 1.53kg/万元，下降速率为 −0.718（$R^2=0.958$，$P<0.000$）。其中单位 GDP 工业 SO_2 排放量 2000 年为 5.89kg/万元，2010 年为 0.4kg/万元，下降速率为 −0.537（$R^2=0.913$，$P<0.000$）。

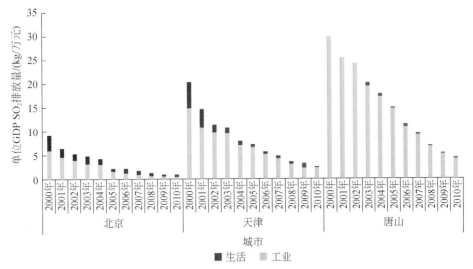

图 9-49 2000～2010 年北京、天津和唐山单位 GDP SO_2 排放情况

人均 SO_2 排放量与单位 GDP SO_2 排放量变化趋势基本类似，总体也呈下降趋势（图 9-50）。唐山人均工业 SO_2 排放量最高，平均为 34.6kg；北京最低，平均为 8.5kg。北京人均 SO_2 排放量较低，且其人均工业 SO_2 排放量的下降速率最快，达到 66%；唐山次之，为 36%；而天津只有 19%。表明北京的资源利用效率较好，且在逐年提高。

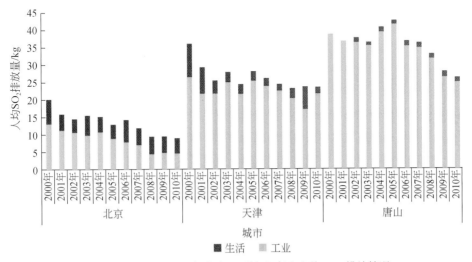

图 9-50 2000～2010 年北京、天津和唐山人均 SO_2 排放情况

京津冀地区通过积极采取加强燃煤污染控制，实施火电企业脱硫设施更新，开展电力

燃煤锅炉脱硫治理工程，积极推进 SO$_2$ 污染治理，使其排放量逐年下降。单位 GDP SO$_2$ 排放量的逐年下降，不但是对污染物排放量控制加强的结果，更是深化资源利用技术改革而提高了资源利用效率的结果。

重点城市的 COD 排放量中，北京的排放总量最大，唐山的排放总量少于北京、天津（图 9-51）。但是唐山以工业 COD 排放为主，其每年的工业 COD 排放量约占全年排放量的 65%。而北京则以生活排放为主，其每年的生活 COD 排放量约占全年排放量的 90%，由此可知，北京 COD 排放量较高主要是北京城市较大，人口众多，是一座以消费为主的巨大型城市。而唐山 COD 排放量虽然相对较少，但其以工业生产为主，是典型的重工业城市。天津生活 COD 排放量略高于工业，且排放总量也不低，表明天津是一座既以消费为主又注重工业发展的城市。

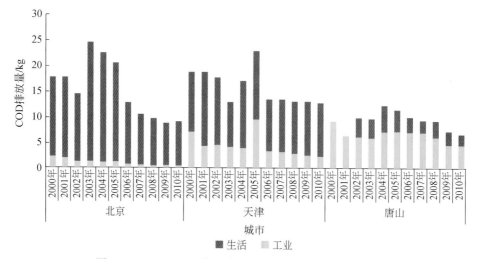

图 9-51　2000~2010 年北京、天津和唐山 COD 排放情况

尽管唐山的 COD 总排放量少于北京和天津，但是其单位 GDP COD 的排放量最高，而总排放量最高的北京，其单位 GDP COD 排放量为最低（图 9-52）。因此可以得知，北京的资源利用效率要高于天津和唐山，而唐山的资源利用效率相对较低，为粗犷型的经济发展模式。但也应该注意到，3 个重点城市的单位 GDP COD 排放量在逐年下降。其中，唐山单位 GDP 工业 COD 排放量从 2000 年的 10.3kg/万元下降到 2010 年的 1.0kg/万元，下降了 90%。天津单位 GDP COD 排放量从 2000 年的 10.4kg/万元下降到 2010 年的 1.4kg/万元，下降了 87%。表明唐山、天津等地方已经重视提高资源利用效率，且成效显著。

人均 COD 排放量表明，天津人均 COD 总排放量要高于北京，但人均生活 COD 排放量要低于北京，而人均工业 COD 排放量要低于唐山（图 9-53）。这表明天津的城市规模要小于北京，但工业发展规模要低于唐山。与总排放量类似，重点城市的人均 COD 排放量总体上呈下降趋势，尤其在 2005 年之后，下降趋势更为明显。

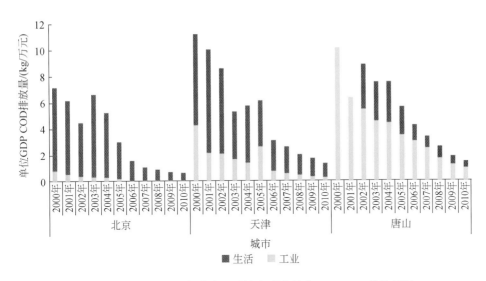

图 9-52 2000～2010 年北京、天津和唐山单位 GDP COD 排放情况

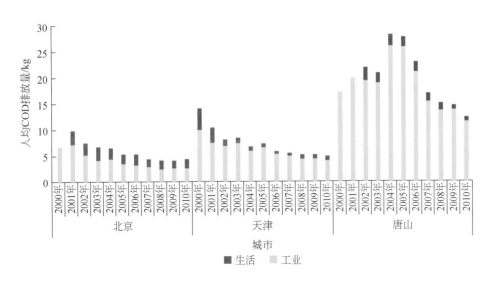

图 9-53 2000～2010 年北京、天津和唐山人均 COD 排放情况

　　由于唐山为重工业城市，其烟粉尘排放量要远高于北京和天津（图 9-54），并且均以工业烟粉尘排放为主，生活烟尘相对较少，因此要想控制好烟粉尘排放量，最需要解决的是控制工业烟粉尘的排放量。北京、天津的烟粉尘排放量在 2000～2010 年均呈下降趋势，而唐山的烟粉尘排放量从 2004 年以后也在逐年下降，到 2010 年后下降到 18.4 万 t，下降了 56%。

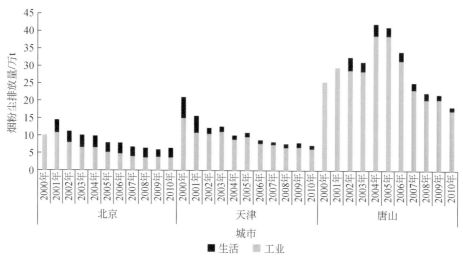

图 9-54　2000～2010 年北京、天津和唐山烟粉尘排放情况

　　单位 GDP 烟粉尘排放量仍以唐山为最高，天津次之，北京为最低（图 9-55）。但是唐山单位 GDP 烟粉尘排放量下降最快，尤其是单位 GDP 工业烟粉尘排放量，从 2000 年的 28kg/万元下降到 2010 年的 3.8kg/万元，下降了 86%。北京、天津单位 GDP 烟粉尘排放量也在逐年下降，资源利用效率越来越高。

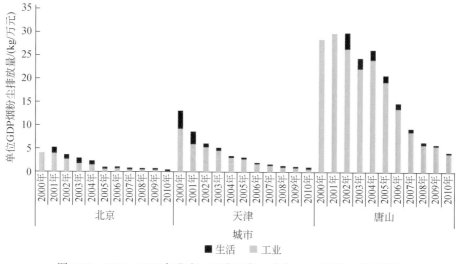

图 9-55　2000～2010 年北京、天津和唐山单位 GDP 烟粉尘排放情况

9.3　重点城市生态环境胁迫变化

　　生态环境胁迫是指人类活动对生态环境构成的压力。城市人口的增加，以及伴随人口增加、能源消耗的增加等人类生产生活所产生的废气、废水、废渣是影响生态环境的主要因素，所以城市单位土地面积上各污染物的排放和城市人口密度，以及能源开发和消耗强

度情况可用来衡量人类活动对生态环境产生的胁迫强度（苗鸿等，2001）。本节通过对北京、天津和唐山单位土地面积上各污染物的排放情况，以及 3 个城市人口密度、能源、资源开发和消耗变化情况的分析，对重点城市的生态环境胁迫进行了探究。结果发现：

北京：单位土地面积上各大气污染物排放强度显示，工业排放与生活排放相差不大，且市中心六区的污染物排放强度高于其他区县，其中石景山区的工业排放强度最大，朝阳区和丰台区生活排污较为严重，各大气污染物基本呈逐年下降的趋势。单位土地面积上各水体污染物排放强度显示，生活排放量高于工业排放量，中心城区的水污染排放强度较大，其中石景山区的水体污染物主要来源于工业排放，而东城区和西城区的水体生态环境受到的生活排放影响较大。各区县的工业排放，整体上呈逐年下降的趋势，但生活排放各区县呈波动变化状态，下降趋势不明显。单位土地面积上工业废弃物产生量表明，石景山区为北京内最高，远高于其他区县的产生量，其他区县之间相差不大，污染物排放量整体逐年下降。北京的热岛强度在 10 年间呈先下降后上升的趋势，变化幅度不大。

天津：单位土地面积上各大气污染物排放强度显示，工业排放大气污染物的量高于生活排放，且市中心六区的污染物排放强度远高于其他区县。各区县排放量整体呈下降趋势。其中，河东区、河西区、南开区各污染物排放强度较大。单位土地面积上各水体污染物排放强度显示，生活排放量高于工业排放量，市中心六区的单位土地面积工业、生活 COD 及氨氮排放量均高于其他区县。工业排放量逐年下降，生活排放量呈波动变化趋势，下降不明显。单位土地面积上固体废弃物排放量也是市中心较高，除和平区、河东区、红桥区有微弱下降趋势外，其他区县排放量呈逐年上升趋势。天津的热岛强度在 10 年间先上升后下降，变化幅度较大。

唐山：单位土地面积上各大气污染物排放强度显示，工业排放大气污染物的量高于生活排放，市中心区总体高于其他区县市。工业排放中，SO_2 和烟粉尘的排放量下降较为明显，而生活排放中，SO_2 和 NO_x 市中心区下降较为明显，烟粉尘下降不明显。单位土地面积上各水体污染物排放强度显示，生活排放量高于工业排放量，且生活排放主要来源于市中心区，整体呈下降趋势。单位土地面积上工业固体废弃物主要产生于市中心。唐山的热岛强度在 10 年间的变动幅度不大。

综合分析北京、天津和唐山市单位土地面积上各污染物的排放情况发现：重点城市综合污染较严重的地区均为市中心区，表明市中心区生态环境受到的胁迫较大。其中，大气污染源主要是工业排放，水污染主要受生活排放的影响较大，且各污染物整体都呈现下降趋势，工业排放的废弃物也呈现下降趋势，表明重点城市受到的生态环境胁迫有所缓解。从人口密度上看，天津最高，其次是北京、唐山，均呈现上升趋势，且 3 个城市的人口密度均高于京津冀城市群的总体平均值，从水资源开发强度上看，三市的水资源使用趋势整体一致，保持下降，用水总量均高于水资源总量，说明京津冀城市群的水资源开发程度很高。单位土地面积能源消费总量显示：三市的能源利用强度也都呈现上升趋势，其中唐山最高，其次是天津、北京。而单位土地面积 GDP 显示：三市的经济活动强度都呈现较大幅度的增长，其中增长最快的是唐山，其次是天津、北京。对比 3 个城市的热岛效应发现：北京的热岛强度最为强烈，唐山其次，天津最小，可能与天津的土地覆盖中有较大比例的水体有关。北京、唐山地区的热岛强度 10 年间变动不大，表明城市化进程并不十多分剧烈，而天津的热岛强度在 10 年间先上升后下降，变化幅度较大，主要可能是因为随着建成区扩大，导致热岛范围增加。

9.3.1　北京生态环境胁迫

各区县中，石景山区的单位土地面积工业 SO_2 排放量最高，平均为 406 558.3kg/km^2。2006～2010 年整体呈下降趋势。而单位土地面积生活 SO_2 排放量主要以城六区为主，其中丰台区要高于其他五区，整体呈波动变化趋势。其他区县相对较低。表明中心城区的生态环境质量受到 SO_2 排放的影响大于其他区县（图 9-56 和图 9-57）。

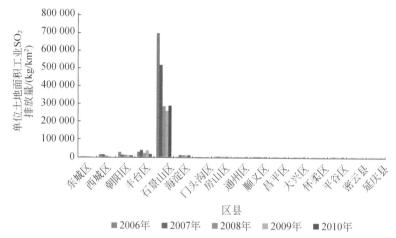

图 9-56　2006～2010 年北京各区县单位土地面积工业 SO_2 排放情况

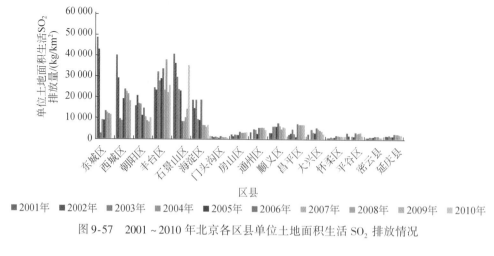

图 9-57　2001～2010 年北京各区县单位土地面积生活 SO_2 排放情况

石景山区的单位土地面积工业烟粉尘排放量为市内最高，平均达到 93 748.5kg/km^2，但呈逐年下降趋势，到 2010 年下降了 78%。单位土地面积生活烟尘排放量以城六区为主，其中石景山区和丰台区排放量相对较高，其他区县相对较低。且在 2001～2010 年，城六区的单位土地面积生活烟尘排放量均在逐年下降，其中海淀区从 2001 年的 11 556.3kg/km² 下降到 2010 年的 2767.4kg/km²，下降了 76%（图 9-58 和图 9-59）。

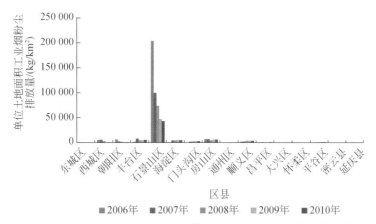

图 9-58　2006～2010 年北京各区县单位土地面积工业烟粉尘排放情况

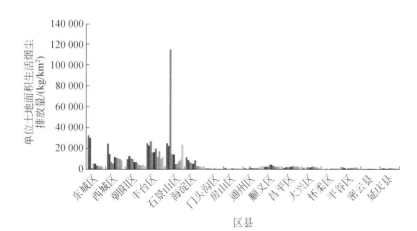

图 9-59　2001～2010 年北京各区县单位土地面积生活烟尘排放情况

石景山区与朝阳区的单位土地面积 NO_x 排放量为市内较高。其中，石景山区的单位土地面积工业 NO_x 排放量最高，平均达 228 494kg/km²，在 2006～2009 年有逐年下降趋势，但在 2010 年又反弹回到 333 475kg/km²。而朝阳区的单位土地面积生活 NO_x 排放量要高于其他区县，在 2006～2010 年平均达 199 045kg/km²，整体呈下降趋势（图 9-60 和图 9-61）。

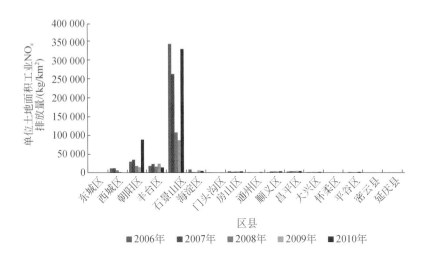

图 9-60　2006～2010 年北京各区县单位土地面积工业 NO$_x$ 排放情况

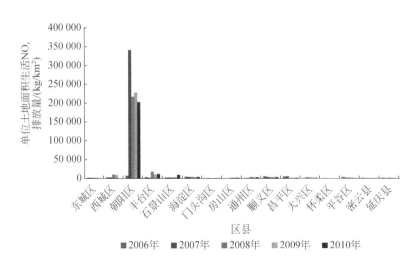

图 9-61　2006～2010 年北京各区县单位土地面积生活 NO$_x$ 排放情况

　　大气污染物排放强度显示，北京城六区的污染物排放强度高于其他区县，其中石景山区的工业排放强度最大，朝阳区和丰台区生活排污较为严重。表明城六区生态环境受到大气污染的影响大于其他区县，而石景山区、朝阳区及丰台区的生态环境胁迫较为严重。

　　北京城六区的单位土地面积 COD 排放量要高于其他区县。其中，石景山区的单位土地面积工业 COD 排放量为最高，平均达 3127.2kg/km²，朝阳区平均也达 2640.8kg/km²。2006～2010 年，城六区的单位土地面积工业 COD 排放量均呈逐年下降趋势，西城区、朝阳区及海淀区都下降了 60% 以上（图 9-62）。

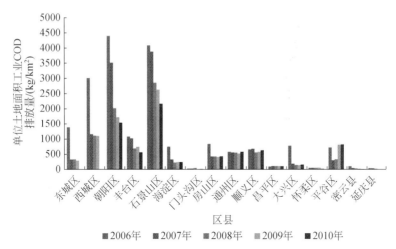

图 9-62　2006 ~ 2010 年北京各区县单位土地面积工业 COD 排放情况

东城区、西城区的单位土地面积生活 COD 排放量最高，平均分别达 262 105kg/km² 及 303 268kg/km²。其他区县相对较低，如延庆县平均为 331kg/km²，相差巨大（图 9-63）。

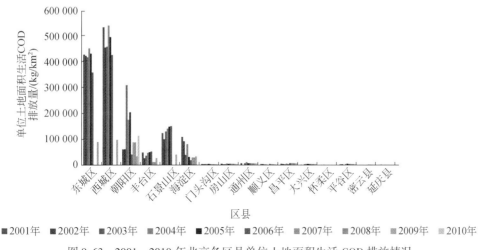

图 9-63　2001 ~ 2010 年北京各区县单位土地面积生活 COD 排放情况

北京城六区的单位土地面积工业氨氮排放量要高于其他区县。其中，石景山区的单位土地面积工业氨氮排放量为最高，平均为 299kg/km²，西城区、朝阳区平均也达 100kg/km² 以上。其他区县中只有顺义区的单位土地面积工业氨氮排放量较高，平均为 104kg/km²。2006 ~ 2010 年，城六区的单位土地面积工业氨氮排放量均呈下降趋势，丰台区下降达 80%（图 9-64）。

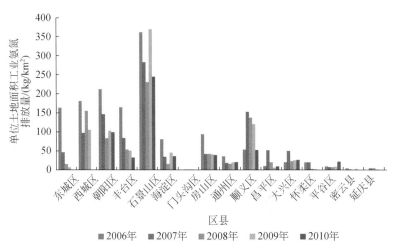

图 9-64 2006~2010 年北京各区县单位土地面积工业氨氮排放情况

东城区、西城区的单位土地面积生活氨氮排放量最高，平均分别达 26 581kg/km² 及 30 735kg/km²。单位土地面积生活氨氮排放量较低的为怀柔区，平均为 40kg/km²。城六区中，东城区、西城区的下降较快，达 70% 以上。其他区县中，密云县下降了 89.5%（图 9-65）。

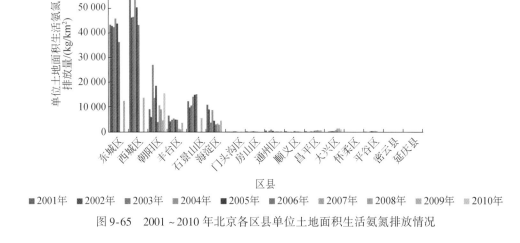

图 9-65 2001~2010 年北京各区县单位土地面积生活氨氮排放情况

单位土地面积 COD 及氨氮排放表明，中心城区的水污染排放强度较大，比其他区县受到的水体生态环境胁迫更为严重。其中，石景山区的水体生态环境受到的工业排放影响较大，而东城区及西城区的水体生态环境受到的生活排放影响较大。

石景山区的单位土地面积工业固体废弃物产生量为北京市内最高，平均为 66 810t/km²。在其他区县中，产生量最高的为密云县，但其平均也只有 1774t/km²，与石景山区相差较大。石景山区的工业固体废弃物产生量平均为 563 万 t，而密云县产生量平均为 396

万 t，相差不到 1 倍，但单位土地面积产生量却相差近 40 倍，表明石景山区的工业固体废弃物产生量对其生态环境的影响较大，对生态环境安全威胁较大（图 9-66 和图 9-67）。

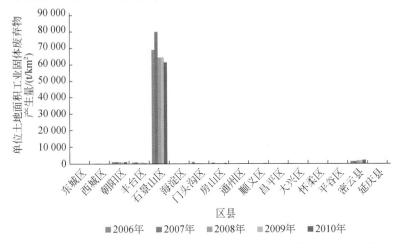

图 9-66　2006～2010 年北京各区县单位土地面积工业固体废弃物产生情况

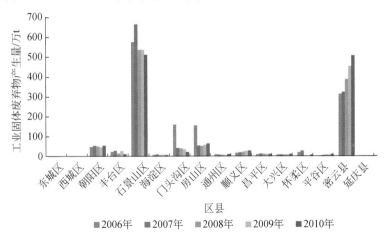

图 9-67　2006～2010 年北京各区县工业固体废弃物产生情况

热岛的变化反映了城郊的温度差异，地表覆盖的类型是决定地表温度的主要因素。北京的热岛强度在 10 年间变化不大，变化幅度在 0.5℃左右。2000～2005 年下降，然后在 2005～2010 年上升（图 9-68）。

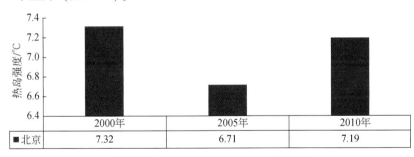

	2000年	2005年	2010年
■北京	7.32	6.71	7.19

图 9-68　2000～2010 年北京热岛强度

9.3.2 天津生态环境胁迫

天津各区县中，市中心六区的单位土地面积工业 SO_2 排放量高于其他区县，而六区中的河东区、河西区又高于其他四区，平均达 225 707kg/km² 和 217 461kg/km²。市中心六区中，河西区和南开区的单位土地面积工业 SO_2 排放量呈上升趋势，其他四区均有不同程度的下降（图 9-69）。

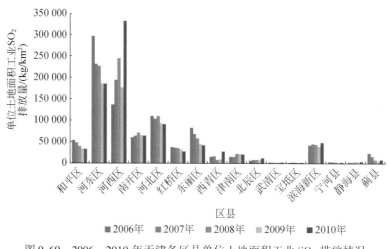

图 9-69　2006～2010 年天津各区县单位土地面积工业 SO_2 排放情况

市中心六区的单位土地面积生活 SO_2 排放量同样也高于其他区县。其中，南开区、河东区、河西区又高于其他 3 个中心区。除在 2009 年外，2006～2010 年大部分区县的单位土地面积生活 SO_2 排放量均呈下降趋势（图 9-70）。

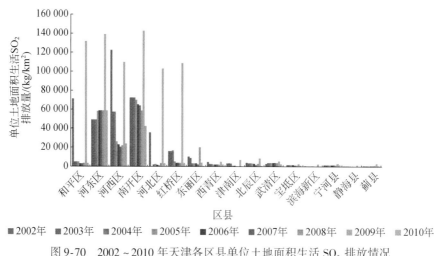

图 9-70　2002～2010 年天津各区县单位土地面积生活 SO_2 排放情况

　　天津各区县中,市中心六区的单位土地面积工业、生活烟粉尘排放量均高于其他区县。其中,又以河东区的单位土地面积工业、生活烟粉尘排放量为最高,平均分别达60 499.5kg/万元和52 107.4kg/万元。2006～2010 年,除南开区外,市中心其他五区单位土地面积工业烟粉尘排放量均呈下降趋势。而在其他非中心市区中,如武清区、北辰区、西青区、宝坻区等均有逐年上升趋势（图9-71）。

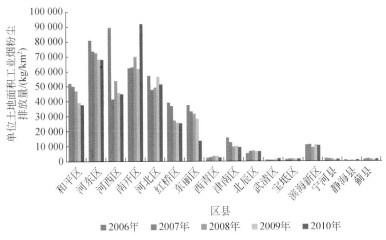

图 9-71　2006～2010 年天津各区县单位土地面积工业烟粉尘排放情况

　　单位土地面积生活烟尘排放量中,市中心六区除河东区呈上升趋势外,其他五区均有明显的下降,如红桥区、河北区及河西区等区下降幅度达到95%左右（图9-72）。

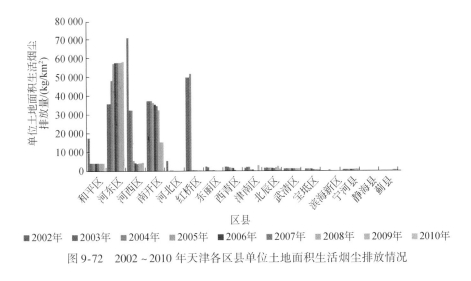

图 9-72　2002～2010 年天津各区县单位土地面积生活烟尘排放情况

　　单位土地面积工业 NO_x 排放量表明,市中心六区高于其他区县,其中河东区、河西区又高于其他四区,平均分别达 204 559kg/km^2 和 223 129kg/km^2（图9-73）。

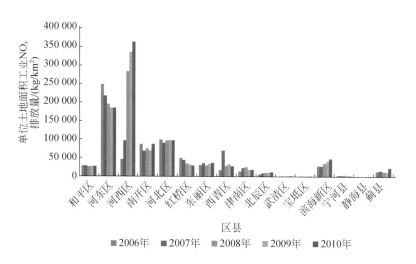

图 9-73　2006～2010 年天津各区县单位土地面积工业 NO$_x$ 排放情况

河东区、南开区及河西区等单位土地面积生活 NO$_x$ 排放量显示市中心六区高于其他区县（图 9-74）。

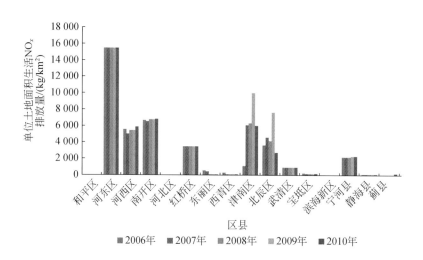

图 9-74　2006～2010 年天津各区县单位土地面积生活 NO$_x$ 排放情况

各区县中，市中心六区的单位土地面积工业、生活 COD 排放量均高于其他区县。其中，单位土地面积工业 COD 排放量均呈下降趋势。其中，河西区、南开区的下降速度达 77%。市中心六区的单位土地面积生活 COD 排放量在 2004 年大幅度上升后虽有下降，但不明显（图 9-75 和图 9-76）。

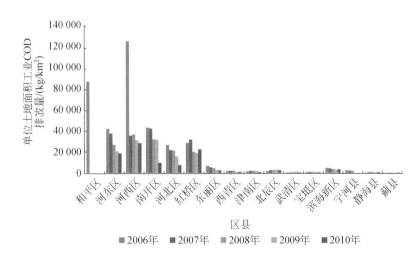

图 9-75　2006～2010 年天津各区县单位土地面积工业 COD 排放情况

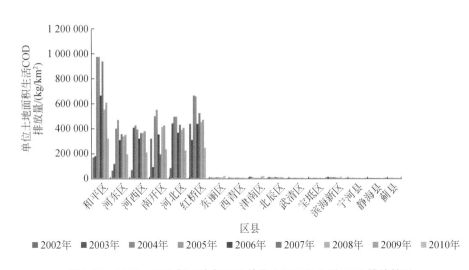

图 9-76　2002～2010 年天津各区县单位土地面积生活 COD 排放情况

　　天津的各区县中，市中心六区的单位土地面积工业、生活氨氮排放量均高于其他区县。其中，滨海新区的单位土地面积工业氨氮排放量也相对较高。单位土地面积工业氨氮排放量均呈下降趋势。其中，河西区、南开区的下降幅度达 80% 以上。除和平区和红桥区有小幅下降，其他中心四区及非中心区的单位土地面积生活氨氮排放量基本有上升的趋势（图 9-77 和图 9-78）。

　　天津的各区县中，市中心六区的单位土地面积工业固体废弃物排放量高于其他区县。其中，河东区、河西区又高于其他四区，平均达 13 987t/km² 和 14 116t/km²。市中心六区中，河西区和南开区呈上升趋势，其他四区均处于逐年下降的过程中（图 9-79）。

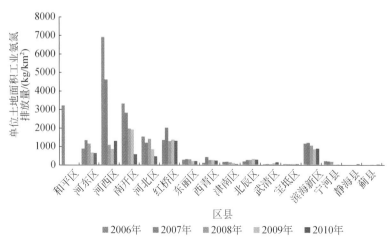

图 9-77　2006～2010 年天津各区县单位土地面积工业氨氮排放情况

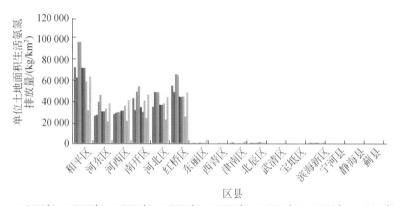

图 9-78　2002～2010 年天津各区县单位土地面积生活氨氮排放情况

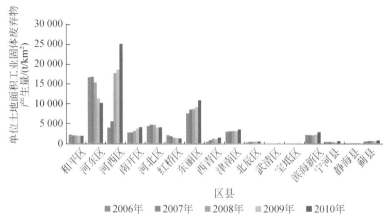

图 9-79　2006～2010 年天津各区县单位土地面积工业固体废弃物产生情况

虽然东丽区、滨海新区的工业固体废弃物产生量远高于河东区、河西区等，但单位土地面积工业固体废弃物产生量却低于市中心区，表明工业固体废弃物对市中心区的生态环境胁迫要大于其他非中心区县（图 9-80）。

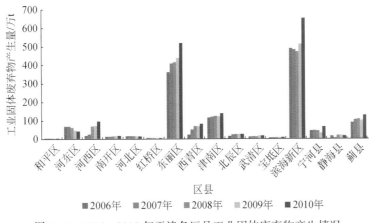

图 9-80　2006～2010 年天津各区县工业固体废弃物产生情况

天津的热岛强度在 2000～2005 年上升了 3.73℃，然后在 2010 年下降为 2.42℃，变化幅度比较大。热岛强度的上升与城市化不透水地表的增加有密切关系，而热岛强度的下降则有可能是因为城市范围内，建成区扩大，导致热岛范围增加，进而表现出城郊温差减小（图 9-81）。

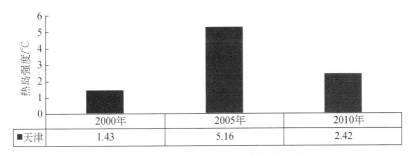

图 9-81　2000～2010 年天津热岛强度

9.3.3　唐山生态环境胁迫

唐山各区县市的单位土地面积工业 SO_2 排放量高于单位土地面积生活 SO_2 排放量。其中开平区、路北区的单位土地面积工业 SO_2 排放量为全市最高，平均达 286 000kg/km^2 以上。古冶区、滦县、乐亭县及玉田县的单位土地面积工业 SO_2 排放量呈上升趋势，而其他区县市均在下降。其中，开平区在 2006～2010 年下降了 72%（图 9-82）。

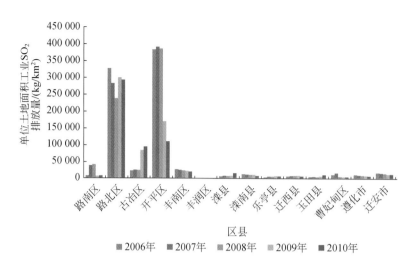

图 9-82　2006～2010 年唐山各区县市单位土地面积工业 SO_2 排放情况

古冶区、路南区的单位土地面积生活 SO_2 排放量高于其他区县市。其中，古冶区平均达 4686kg/km^2（图 9-83）。

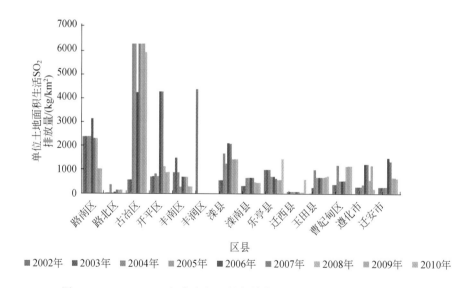

图 9-83　2002～2010 年唐山各区县市单位土地面积生活 SO_2 排放情况

唐山各区县市的单位土地面积工业烟粉尘排放量高于单位土地面积生活烟粉尘排放量。其中，路北区的单位土地面积工业烟粉尘排放量为全市最高，其单位土地面积工业烟粉尘排放量呈下降趋势，从 2006 年的 639 045kg/km^2 下降到 2010 年的 101 933kg/km^2（图 9-84）。

路南区、古冶区及开平区的单位土地面积生活烟尘排放量高于其他区县市，且基本呈先上升后下降的趋势（图 9-85）。

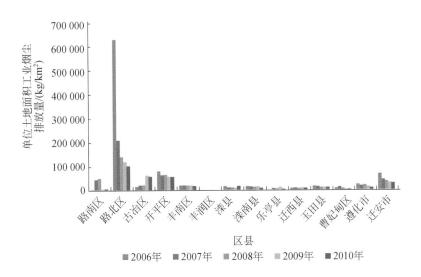

图 9-84 2006~2010 年唐山各区县市单位土地面积工业烟粉尘排放情况

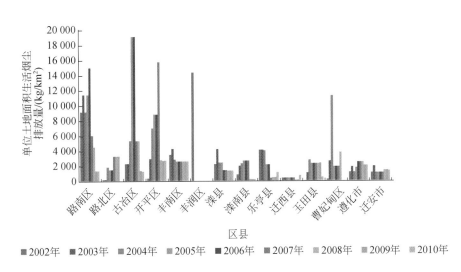

图 9-85 2002~2010 年唐山各区县市单位土地面积生活烟尘排放情况

唐山各区县市的单位土地面积工业 NO_x 排放量高于单位土地面积生活 NO_x 排放量。其中，路北区、开平区的单位土地面积工业 NO_x 排放量高于其他区县市。其中，路北区为最高，平均达 309 053kg/km² （图 9-86）。路南区、路北区的单位土地面积生活 NO_x 排放量高于其他区县市 （图 9-87）。

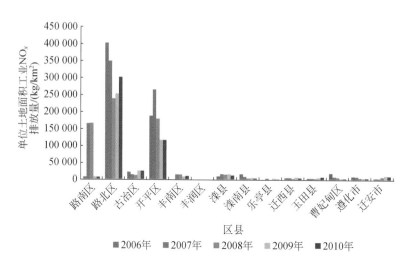

图 9-86　2006～2010 年唐山各区县市单位土地面积工业 NO$_x$ 排放情况

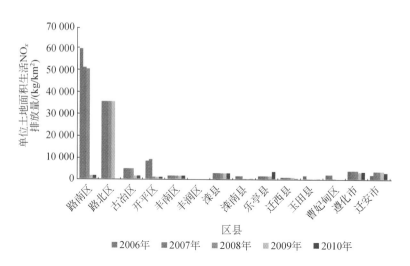

图 9-87　2006～2010 年唐山各区县市单位土地面积生活 NO$_x$ 排放情况

　　唐山各区县市的单位土地面积工业 COD 排放量低于单位土地面积生活 COD 排放量。其中，曹妃甸区、路北区、路南区的单位土地面积工业 COD 排放量高于其他区县市。其中，曹妃甸区平均为 33 799kg/km^2，但其一直呈下降趋势，在 2006～2010 年下降了 77%（图 9-88）。

　　路南区、路北区、古冶区及开平区的单位土地面积生活 COD 排放量高于其他区县市，且均呈下降趋势。其中，下降最为明显的为路北区，下降了 97%。开平区的单位土地面积生活 COD 排放量也在 2002～2010 年下降了 92%（图 9-89）。

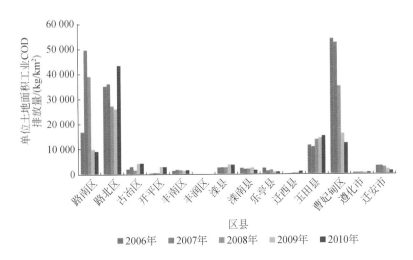

图 9-88 2006～2010 年唐山各区县市单位土地面积工业 COD 排放情况

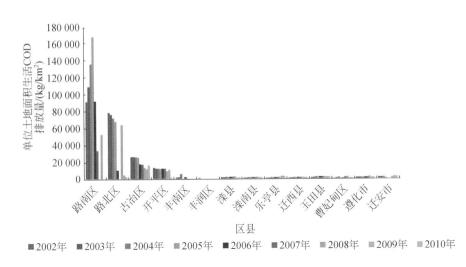

图 9-89 2002～2010 年唐山各区县市单位土地面积生活 COD 排放情况

唐山各区县市的单位土地面积工业氨氮排放量低于单位土地面积生活氨氮排放量。其中，路北区、玉田县的单位土地面积工业氨氮排放量高于其他区县市。而路南区、路北区、古冶区及开平区的单位土地面积生活氨氮排放量高于其他区县市，其中，路南区为最高，平均有 10 226kg/km²。唐山市区的单位土地面积生活氨氮排放量呈下降趋势，其中开平区下降较为明显，在 2002～2010 年下降了 90%，其他区县市大多呈上升的趋势（图 9-90 和图 9-91）。

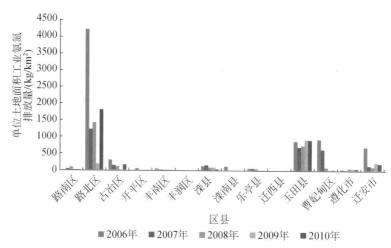

图 9-90　2006～2010 年唐山各区县市单位土地面积工业氨氮排放情况

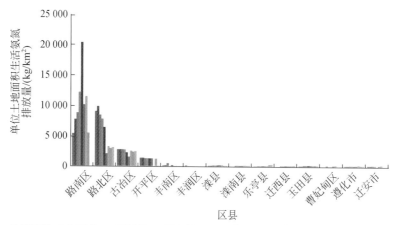

图 9-91　2002～2010 年唐山各区县市单位土地面积生活氨氮排放情况

　　唐山各区县市单位土地面积工业固体废弃物产生量表明，路北区、路南区及开平区等市区高于其他区县市。其中路北区为最高，平均达 69 094t/km²。除路北区在下降外，其他区县均呈上升趋势。其中，在 2006～2010 年，古冶区、滦县等上升了 90% 以上（图 9-92）。

　　工业固体废弃物产生量显示，迁安市、滦县的排放量高于其他区县市，但单位土地面积工业固体废弃物产生量却低于路北区、路南区等市中心区，表明市中心区的工业固体废弃物对生态环境质量产生的影响较大，面临的生态环境胁迫较大（图 9-93）。

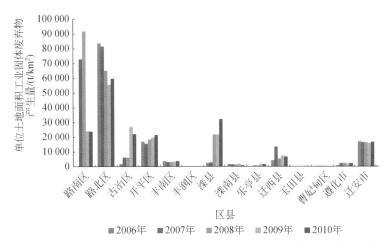

图 9-92　2006～2010 年唐山各区县市单位土地面积工业固体废弃物产生情况

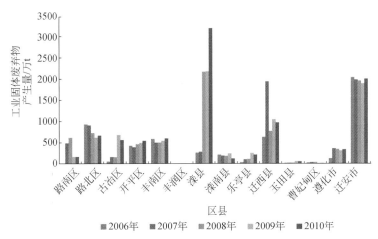

图 9-93　2006～2010 年唐山各区县市工业固体废弃物产生情况

唐山的热岛强度在 10 年间的变动不大，变动幅度在 1.5℃ 左右。其城郊的温度差异在 5℃ 左右波动。在 2000～2005 年，城市热岛的强度略有上升，而在 2000～2010 年城市热岛相对缓解，这表明唐山的城市化进程并不十分剧烈（图 9-94）。

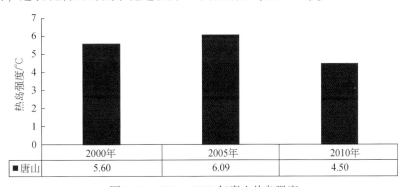

	2000年	2005年	2010年
■唐山	5.60	6.09	4.50

图 9-94　2000～2010 年唐山热岛强度

9.3.4 重点城市生态环境胁迫对比

9.3.4.1 人口密度

京津冀重点城市全市的人口密度呈现上升的趋势，从2000年的647.82人/km² 上升到了2010年的716.49人/km²，每平方公里增长了68.67人。北京、天津和唐山的上升趋势基本保持一致，其中天津的人口密度一直保持最高，唐山最低，北京处在中间的水平。同时，这3个城市的人口密度都比京津冀城市群平均人口密度高（图9-95）。

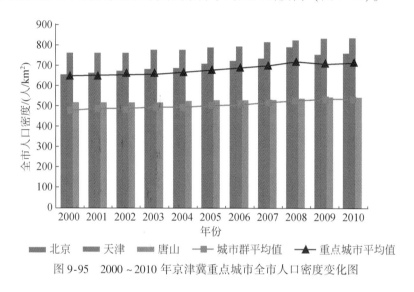

图9-95　2000~2010年京津冀重点城市全市人口密度变化图

京津冀重点城市的市区人口密度平均值约是京津冀城市群市区人口密度的1/2。2000~2010年京津冀重点城市市区的人口密度，除了在2001年有个小幅下降外，均呈现出微弱的上升趋势，从2000年的1399.52人/km²上升到了2010年的1520.33人/km²，每平方公里增长了120.81人。2000~2001年，北京市区人口密度的下降是造成整体平均值在2001年下降的主要原因。唐山市区人口密度在2002年有一个很明显的上升趋势，之后没有明显的变化趋势。天津在10年间的市区人口密度没有较大的变化（图9-96）。

9.3.4.2 水资源开发强度

2001~2010年，京津冀重点城市的水资源量总量在29.96亿~71.44亿m³，变化起伏比较大，2002年的水资源总量最低，2008年的水资源总量最高。10年间，京津冀城市群水资源总量的平均值为49.11亿m³。而重点城市的水资源利用率除天津在2002年、2010年比较突出外，京津唐三市的水资源利用率的整体趋势基本一致，保持下降。其中，2002年、2006年和2010年的水资源利用率有提高的趋势。2008年，北京的用水量和水资源总量基本持平，达到10年间的最低值。其他年份，京津冀重点城市的用水总量均高于水资源总量，大部分处在 150% ~ 250% 的水平，说明京津冀城市群的水资源开发程度很高（图 9-97 和图 9-98）。

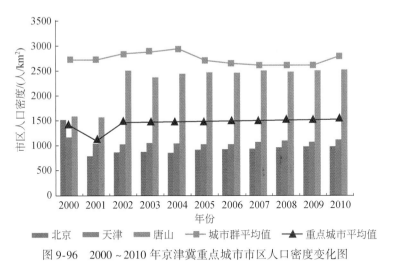

图 9-96 2000 ~ 2010 年京津冀重点城市市区人口密度变化图

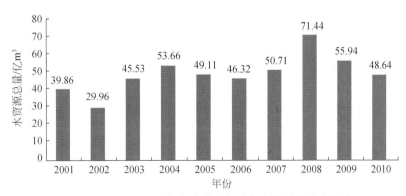

图 9-97 2001 ~ 2010 年京津冀重点城市水资源总量变化图

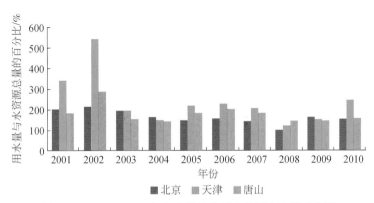

图 9-98 2001 ~ 2010 年京津冀重点城市的用水比例变化图

9.3.4.3 能源利用强度

2005～2010 年京津冀各重点城市的单位土地面积能源消耗总量都呈现出上升的趋势，京津冀地区单位土地面积能源消耗总量的平均值从 2005 年的 3708.31tce/km²，上升到 2010 年的 5903.55tce/km²，平均每年上升 11.84%，约是京津冀城市群平均值的 2 倍。其中，2005～2010 年，唐山单位土地面积能源消耗总量在京津冀地区各市中是最高的，且一直高于平均值，其中 2008～2010 年的增长速度高于 2005～2008 年。天津单位土地面积能源消耗总量增长趋势基本与平均值一致；北京在 2005 年时略高于天津 40tce/km²，但从 2006 年开始北京开始落后于天津，到 2010 年天津单位土地面积能源消耗总量为 5609.03tce/km²，比北京 4238.15tce/km² 高 1370.88tce/km²，高了 32.35%（图 9-99）。

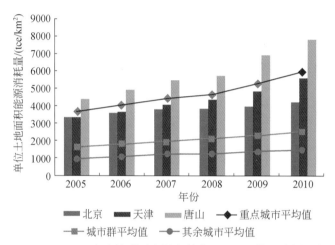

图 9-99   2005～2010 年京津冀重点城市单位土地面积能源消耗量变化图

9.3.4.4 经济活动强度

2000～2010 年，京津冀重点城市的单位土地面积 GDP 呈现幅度较大的增长趋势，京津冀重点城市的单位土地面积 GDP 从 2000 年的 1176.42 万元/km² 上升到了 2010 年的 4189.06 万元/km²，平均每平方公里增长 3012.64 万元，平均每年增长 25.61%。与京津冀城市群单位土地面积 GDP 相比，京津冀重点城市的单位土地面积 GDP 增长速度（21.51%）要快。到 2010 年，重点城市的单位土地面积 GDP 平均值是城市群的 2.33 倍。具体到各个重点城市，在 2000 年，单位土地面积 GDP 最大的是北京，其次是天津和唐山；到 2010 年最大的是天津，其次是北京和唐山（图 9-100）。

2000～2010 年，京津冀重点城市市区的单位土地面积 GDP 呈现出明显的上升趋势，从 2000 年的 2887.06 万元/km² 上升到了 2010 年的 7216.09 万元/km²，2010 年每平方公里 GDP 比 2000 年增长了 4329.03 万元。京津冀重点城市的单位土地面积 GDP 显著高于京津冀城市群的平均水平。其中，在 2000 年单位土地面积 GDP 最高的是北京，其次是唐山和天津。在 2000～2001 年，京津冀重点城市市区的单位土地面积 GDP 有一个小幅的下降。到

2001 年，单位土地面积 GDP 最高的是唐山，其次是天津和北京。在 2001～2010 年，单位土地面积 GDP 保持着快速的增长，而且增长最快的是唐山，其次是天津和北京(图 9-101)。

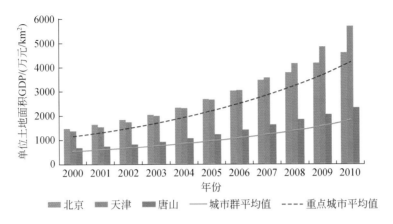

图 9-100　2000～2010 年京津冀重点城市单位土地面积 GDP 变化图

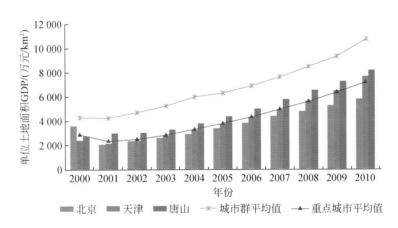

图 9-101　2000～2010 年京津冀重点城市市区单位土地面积 GDP 变化图

9.3.4.5　热岛强度

热岛强度的变化趋势，反映了城市化进程的强度。但同时，也与划分的城市边界范围有密切关系。3 个重点城市中，北京的热岛强度最为强烈，唐山其次，天津的热岛强度最小。这可能与天津的土地覆盖中有较大比例的水体有关。热岛强度的变化在天津和唐山都是先上升后下降。而北京的热岛强度则是先下降后上升（图 9-102）。

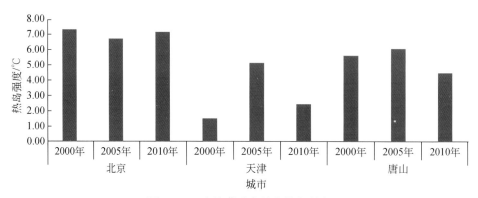

图 9-102　京津冀重点城市热岛强度

第10章 | 总体状况及政策建议

本章系统地总结了全书的内容，首先对京津冀城市群及北京、天津和唐山3个重点城市的生态环境总体状况进行了简要的总结，并基于此对京津冀及北京、天津和唐山3个城市的生态保护和管理提供了建议。

10.1 总 体 状 况

10.1.1 京津冀城市群生态环境总体状况

1980~2010年，京津冀城市群的城市化进程表现为速度快和较强的地域差异。京津冀城市群的城市化进程表现为以北京和天津为主要核心的双核的模式，北京和天津两个直辖市的城市化进程，尤其是北京，远远高于河北省的其他城市。其中，人口城市化方面，2008年京津冀城市群的总人口为9336万人，户籍人口城市化率达到40%，1980~2010年的30年间，人口城市化率增速最快的是2000~2010年，是过去20年的增量之和，北京的增速最快，天津次之，2000年起均已超过50%，而河北省的城市虽然增速较快，但截至2010年，人口城市化水平仍低于50%。土地城市化方面，2010年京津冀城市群建设用地面积达到21 647.15km²，占土地面积的10.03%，1984~2010年，土地城市化进程阶段性特征明显，其中，1984~1990年，土地城市化最缓慢，1990~2000年，土地城市化最为迅速，建设用地增加了4916.02km²，2000~2010年，建设用地增长有所放缓，增加了3776.76km²，且前5年（2000~2005年）增速低于后5年（2005~2010年）。30年间，建设用地的扩张以挤占耕地为主。2010年，京津冀城市群的GDP达到43 954亿元，人均GDP达到43 954元，体现了京津冀城市群较高的经济城市化水平，GDP和人均GDP的快速增长主要发生在2000~2010年，标志着2000年后京津冀城市群的经济城市化进入到快速发展的进程中。

1984~2010年，京津冀城市群生态系统变化明显，主要表现为城镇生态系统和森林生态系统面积的持续增加，以及农田生态系统和湿地生态系统的持续减少。京津冀城市群的景观破碎化程度表现为先升高后降低，到2000~2010年基本保持稳定的特点。京津冀城市群的植被主要分布于西部和西北部的山区，而东部和东南部的平原区则以耕地为主，植被覆盖面积在1984~2010年有所增加，由1984年的40.64%增加到2010年的42.40%。2000~2010年，京津冀城市群的生物量有较大幅度的增加，同时2000~2005年的增加幅度大于2005~2010年的增加幅度。

2000~2010年，京津冀城市群的环境质量总体呈改善趋势，其中北京和天津两个直辖市环境质量总体较差，但10年间有明显的改善，环境质量趋好。诸多的环境问题中，京津冀城市群空气污染问题尤为突出，是制约城市群发展的重要问题。2000~2010年，京津冀城市群的资源环境消耗总量大幅上升，但是城市化所带来的技术进步使得资源环境利用效率有显著的提升，突出表现为能源利用效率和环境利用效率的大幅度提高。2000~2010年，京津冀城市群的生态环境胁迫总体表现为改善的趋势，其中北京、天津和河北省的廊坊、邯郸、唐山和石家庄等城市的生态环境胁迫有降低的趋势，但仍高于城市群的平均水平。

京津冀城市群的各个城市城市化水平、生态质量、环境质量、资源环境利用效率和生态环境胁迫均有较大的差异，重点城市在城市化水平、资源环境利用效率等方面具有较大优势，而其生态质量、环境质量相对较差。具体表现在重点城市的城市化水平均有大幅度的提升，同时资源环境利用效率均快速提高，而生态质量和环境质量虽然总体有所改善，但相对于非重点城市，其改善仍较为有限，成为制约城市进一步发展的重要因素。非重点城市则在生态质量、环境质量方面具有较大的优势，但是资源环境利用效率远落后于重点城市。具体表现为非重点城市的生态环境质量提升速度快于重点城市，而资源环境利用效率相比于重点城市的水平仍处于较为落后的状态。

10.1.2 北京、天津和唐山生态环境总体状况

北京、天津和唐山3个重点城市由于城市规模大且发展迅速，同时北京作为首都，天津作为直辖市，唐山作为河北省乃至华北地区重要的工业城市，城市发展定位和策略有别于京津冀区域其他城市的定位，因而其城市化进程及其产生的生态环境效应也具有一定的特殊性。

北京2000~2010年土地城市化进程明显，建成区面积由2000年的1236.57km²，上升到2005年的1898.91km²，2010年增加到2331.27km²，10年间扩张了近1倍，同时建成区内的土地覆盖斑块趋于集中。建成区内的不透水地表覆盖面积不断扩大，但是其覆盖比例有所下降，而建成区内的植被覆盖面积和比例均明显上升，表明在城市扩张过程中，新城的建设更加重视对生态用地的保护和建设。城六区中，东城区和西城区两个首都功能核心区的不透水地表比例要明显高于海淀区、朝阳区、丰台区和石景山区。而绿地比例则与不透水地表相反，同时，东城区和西城区的绿地破碎化程度要明显高于其他4个城区。2005~2010年，北京各城区的空气质量均有所改善，但是污染仍然较为严重，各城区的资源环境利用效率表现为整体的提升趋势，生态环境胁迫也表现为下降趋势。

天津2000~2010年土地城市化快速发展，建成区面积由2000年的623.82km²，上升到2005年的1216.32km²，2010年达到了1645.28km²，扩张了近3倍，土地覆盖的破碎化程度先升高，后降低至2000年的水平。建成区内的不透水地表面积持续增加，但在建成区内所占的比例先升高后降低，随着建成区面积的扩大，植被覆盖面积有所增加，但其覆盖比例却急剧下降，由2000年的42.45%，下降到2005年的34.44%，到2010年，仅为

32.85%。不透水地表比例，在城六区显著高于其他城区，且 6 个区差异不大，且在 10 年间一直保持较高的相似度。天津各区县的资源环境利用效率总体上表现为上升的趋势，生态环境胁迫下降，但在区县间存在一定的差异。

唐山 2000~2010 年土地城市化持续增加，建成区面积由 2000 年的 196.47km²，上升到 2005 年的 215.63km²，2010 年达到 271km²，同时建成区斑块密度显著降低，土地覆盖斑块趋于集中。建成区内的不透水地表覆盖先降低后上升，基本在 60% 左右浮动变化，而植被覆盖比例一直减少，由 2000 年的 34.46%，下降到 2005 年的 33.52%，然后迅速下降到 2010 年的 26.95%，为 3 个重点城市最低。唐山的路南区和路北区两个主城区的不透水地表比例显著高于其他城区，但不透水地表比例的变化则不同于其他城区，路南区和路北区不透水地表比例先下降后又小幅回升，2010 年低于 2000 年水平，而其他区县市的覆盖比例则表现为持续升高。唐山各区县市的资源环境利用效率基本呈升高趋势，生态环境胁迫有所改善。

10.2 生态环境保护建议和对策

10.2.1 京津冀城市群生态环境保护建议和对策

(1) 加强森林保护，强化京津冀森林生态屏障建设

京津冀城市群受西风带影响，每年春季都有来自蒙古国和我国交接区域的沙尘的影响，而京津冀西北部的森林生态系统正是有效抵御和减缓这一自然灾害的生态屏障，同时西北部的森林生态系统还有效地为京津冀城市群的水源涵养和生态旅游提供一系列的服务功能，因此加强西北部地区的森林生态屏障建设与保护是保证京津冀城市群生态可持续发展的重要基础工作。

(2) 协调区域发展，共保碧水蓝天

京津冀城市群是以北京为主要核心，天津为次中心的单中心式的城市群，中心城市的快速发展吸纳和消耗了周围区域的大量资源，将国民经济产业中较为高端的金融业等低污染的产业吸纳入城市，而逐渐淘汰了高污染的第二产业，核心城市周围的其他城市因吸引力相对较差，只能选择高污染的第二产业来发展经济，对生态环境造成了一定程度的影响，这种影响（如空气污染）迅速地由本地转为区域化的影响，因此加强区域协调发展，合理布局产业结构，将经济发展和环境保护有效结合，建立将社会经济发展和生态环境保护结合的评价体系和发展机制将有效地促进京津冀城市群的协调发展。

(3) 建立和强化区域大气环境的联防联控

京津冀城市群的大气环境质量在我国处于最差的水平，全国空气质量较差的城市很多都在京津冀城市群中，目前京津冀城市群的空气环境问题已经成为限制区域经济发展的一个重要因素。同时，京津冀城市群涵盖两个直辖市和河北省，区域大气环境的联防联控需要打破行政管理的壁垒，建立京津冀城市群分等级规划、分批次建设、统一管

理、统一评估和统一协调的大气环境监测和应急管理的机制，以有效地改善区域大气环境。

10.2.2　北京、天津和唐山生态环境保护和管理对策

（1）北京——合理调控，有效减排，碧水蓝天重塑

北京城市发展目前所面临的主要问题是水资源短缺和城市空气质量较差，随着南水北调工程的进一步推进，北京的水资源问题将得到很大的改善，但水资源的保护依然紧迫，目前北京大部分的公园水体均处于较差的水平，水资源和水体保护仍需加大力度。同时，随着城市规模的加大，人口密度增加，人为活动加剧了城市的空气污染，尤其是可吸入颗粒物（PM_x）的污染，北京目前虽然已经大力推进了能源结构的改变，将原有燃煤采暖逐步改为燃气采暖，严格限制机动车数量，将机动车总量控制和使用频率控制结合，采取了购车摇号和工作日尾号限行的政策，这些政策降低了污染排放，但目前空气质量仍旧处于较差的水平。因此北京为了合理控制城市规模，有效分解城市功能，充分发挥首都的功能，将医疗、教育等优势资源合理地由中心城区向城市周边区域扩散，有效促进了城市与周边区域的协调发展，并能有效地促进城市的生态环境可持续发展。

（2）天津——推动双中心式的点线结合的发展模式

天津随着滨海新区的建设，城市发展由原来的单中心式扩张走向双中心的点线结合的城市发展模式。天津原有 6 个老城区的生态质量有所降低，同时发现滨海新区的工业污染物排放胁迫效应较为明显。因此，应加强天津老城区的生态环境质量建设，同时合理促进滨海新区产业结构调整，减缓城市生态环境胁迫。

（3）唐山——加强城市绿地建设

京津冀城市群的重点城市唐山，代表了京津冀城市群河北省部分城市的发展状况。研究发现，唐山建成区的绿地比例呈现下降趋势，应加强唐山的城市规划，合理规划布局和建设城市绿地。同时，唐山作为典型的工业城市，污染排放量较大，因此，应加强工业污染排放监管力度，并合理促进产业转型。

参 考 文 献

把增强，王连芳．2015．京津冀生态环境建设：现状、问题与应对．石家庄铁道大学学报（社会科学版），（04）：1-5.

白艳莹，王效科，欧阳志云．2003．苏锡常地区的城市化及其资源环境胁迫作用．城市环境与城市生态，16（6）：286-288.

白杨，王晓云，姜海梅，等．2013．城市热岛效应研究进展．气象与环境学报，（02）：101-106.

北京市统计局．2016a．北京市2015年国民经济和社会发展统计公报．北京市统计局官方网站．

北京市统计局．2016b．北京市2015年暨"十二五"时期国民经济和社会发展统计公报．北京市统计局官方网站．

贝涵璐，吴次芳，冯科，等．2009．土地经济密度的区域差异特征及动态演变格局——基于长江三角洲地区的实证分析．自然资源学报，（11）：1952-1962.

曹永翔，刘小丹，张克斌，等．2011．青海省都兰县察汗乌苏绿洲植被覆盖度变化研究．中国沙漠，31（5）：1267-1272.

曹园园，璩向宁，卫萍萍．2015．彭阳县2000-2010年人类活动影响下生态环境胁迫分析．生态科学，（05）：172-177.

曹喆，张淑娜．2002．天津城市化发展趋向与水资源可持续利用．城市环境与城市生态，15（3）：24-26.

陈锦华．1996．第八个五年计划期中国国民经济和社会发展报告．北京：中国物价出版社．

陈勇，陈潇凯，李志远，等．2010．具有评价结果唯一性特征的雷达图综合评价法．北京理工大学学报，30（12）：1409-1412.

程念亮，张大伟，李云婷，等．2015．2000～2014年北京市SO$_2$时空分布及一次污染过程分析．环境科学，（11）：3961-3971.

崔文静，王莉娟．2015．河北产业结构的调整与可持续发展．中国管理信息化，（18）：151-152.

方创琳．2012．中国城市群形成发育的政策影响过程与实施效果评价．地理科学，32（3）：257-264.

方创琳，姚士谋，刘盛和，等．2011．2010中国城市群发展报告．北京：科学出版社．

方创琳，周成虎，顾朝林，等．2016．特大城市群地区城镇化与生态环境交互耦合效应解析的理论框架及技术路径．地理学报，（04）：531-550.

封志明，刘登伟．2006．京津冀地区水资源供需平衡及其水资源承载力．自然资源学报，（05）：689-699.

冯海波，王伟，万宝春，等．2015．京津冀协同发展背景下河北省主要生态环境问题及对策．经济与管理，（05）：19-24.

付红艳．2014．城市景观格局演变研究现状综述．测绘与空间地理信息，（04）：73-74，77.

甘春英，王兮之，李保生，等．2011．连江流域近年来植被覆盖度变化分析．地理科学，31（8）：1019-1024.

顾朝林．2011．城市群研究进展与展望．地理研究，30（5）：771-784.

郭丽峰，郭勇，于卉．2005．海河流域湿地现状及治理对策．海河水利，（05）：16-19.

郭泺，夏北成，刘蔚秋，等．2006．城市化进程中广州市景观格局的时空变化与梯度分异．应用生态学报，（09）：1671-1676.

郭天配. 2010. 中国环境质量评价方法及实证研究. 大连：东北财经大学博士学位论文.

国家计划委员会. 1996. 国民经济和社会发展"九五"计划和2010年远景目标纲要. 北京：中国经济出版社.

河北省统计局. 2016a. 2015年河北省国民经济和社会发展统计公报. 河北省统计局官方网站.

河北省统计局. 2016b. 2015年河北省1%人口抽样调查主要数据公报. 河北省统计局官方网站.

胡乔利，齐永青，胡引翠，等. 2011. 京津冀地区土地利用/覆被与景观格局变化及驱动力分析. 中国生态农业学报，（05）：1182-1189.

季崇萍，刘伟东，轩春怡. 2006. 北京城市化进程对城市热岛的影响研究. 地球物理学报，（01）：69-77.

靳怀成. 2001. 北京地区的水土流失及其防治. 水土保持研究，（04）：154-157.

柯细勇，康旭，赵志伟，等. 2011. 水质指标COD的优缺点及其测量方法发展. 环境科学与技术，（S1）：255-258.

李红，李德志，宋云，等. 2009. 快速城市化背景下上海崇明植被覆盖度景观格局分析. 华东师范大学学报（自然科学版），6：89-100.

李苗苗，吴炳方，颜长珍，等. 2004. 密云水库上游植被覆盖度的遥感估算. 资源科学，26（4）：153-159.

李伟峰，欧阳志云，王如松，等. 2005. 城市生态系统景观格局特征及形成机制. 生态学杂志（04）：428-432.

李晓松，吴炳方，王浩，等. 2011a. 区域尺度海河流域水土流失风险评估. 遥感学报，（02）：372-387.

李晓松，李增元，高志海，等. 2011b. 基于NDVI与偏最小二乘回归的荒漠化地区植被覆盖度高光谱遥感估测. 中国沙漠，31（1）：162-167.

李永乐，舒帮荣，吴群. 2014. 中国城市土地利用效率：时空特征、地区差距与影响因素. 经济地理，（01）：133-139.

厉彦玲，朱宝林，王亮，等. 2005. 基于综合指数法的生态环境质量综合评价系统的设计与应用. 测绘科学，30（1）：89-91.

梁尧钦，曾辉，李菁. 2012. 深圳市大鹏半岛土地利用变化对植被覆盖动态的影响. 应用生态学报，23（1）：199-205.

梁增强. 2014. 京津冀典型城市环境污染特征、变化规律及影响机制对比分析. 北京：北京工业大学硕士学位论文.

梁增强，马民涛，杜改芳. 2014. 2003-2012年京津石三市大气污染特征及趋势对比. 环境工程，（12）：76-81.

刘春兰，谢高地，肖玉. 2007. 气候变化对白洋淀湿地的影响. 长江流域资源与环境，（02）：245-250.

刘林，马安青，马启敏. 2012. 滨海半城市化地区植被覆盖度的时空变化——以青岛市崂山区为例. 环境科学与技术，35（1）：178-185.

刘沁萍. 2013. 近20年来中国建成区扩张、建成区植被和热岛效应变化及其人文影响因素研究. 兰州：兰州大学博士学位论文.

刘伟东，尤焕苓，孙丹. 2016. 1971-2010年京津冀大城市热岛效应多时间尺度分析. 气象，（05）：598-606.

刘耀彬，李仁东，宋学锋. 2005. 中国城市化与生态环境耦合度分析. 自然资源学报，20（1）：105-112.

刘瑜洁，刘俊国，赵旭，等. 2016. 京津冀水资源脆弱性评价. 水土保持通报，（03）：211-218.

卢路，刘家宏，秦大庸. 2011. 海河流域 1469～2008 年旱涝变化趋势及演变特征分析. 水电能源科学，(09)：8-11.

陆钟武. 2007. 经济增长与环境负荷之间的定量关系. 环境保护，(7)：13-18.

马献林. 1995. 天津市产业结构调整与预测（1995～2010）. 天津经济，(04)：3-9.

蒙海娥. 2012. 制度安排、资源利用效率与国民经济福利. 山西财经大学学报，S1：43-44.

孟丹，李小娟，宫辉力，等. 2015. 京津冀地区 NDVI 变化及气候因子驱动分析. 地球信息科学学报，(08)：1001-1007.

苗鸿，王效科，欧阳志云. 2001. 中国生态环境胁迫过程区划研究. 生态学报，21（1）：7-13.

缪育聪，郑亦佳，王姝，等. 2015. 京津冀地区霾成因机制研究进展与展望. 气候与环境研究，(03)：356-368.

牛振国，张海英，王显威，等. 2012. 1978～2008 年中国湿地类型变化. 科学通报，(16)：1400-1411.

乔瑞波. 2009. 海河流域地下漏斗区水文生态修复探索性研究. 环境保护，(04)：42-43.

仇江啸，王效科，逯非，等. 2012. 城市景观破碎化格局与城市化及社会经济发展水平的关系——以北京城区为例. 生态学报，32（9）：2659-2669.

水利部海河水利委员会. 2001. 海河流域水资源公报. 海河水利委员会官方网站.

孙峰华，孙东琪，胡毅，等. 2013. 中国人口对生态环境压力的变化格局：1990～2010. 人口研究，(05)：103-113.

孙立成，周德群，李群. 2008. 能源利用效率动态变化的中外比较研究. 数量经济技术经济研究，08：57-69.

孙平军，赵峰，修春亮. 2012. 中国城镇建设用地投入效率的空间分异研究. 经济地理，(06)：46-52.

孙铁山，李国平，卢明华. 2009. 京津冀都市圈人口集聚与扩散及其影响因素——基于区域密度函数的实证研究. 地理学报，64（8）：956-966.

孙亚杰，王清旭，陆兆华. 2005. 城市化对北京市景观格局的影响. 应用生态学报，(07)：1366-1369.

天津市统计局. 2016a. 2015 年天津市国民经济和社会发展统计公报. 天津市统计局官方网站.

天津市统计局. 2016b. 2015 年天津市人口主要数据公报. 天津市统计局官方网站.

王成金，杨威，许旭，等. 2011. 工业经济发展的资源环境效率评价方法与实证——以广东和广西为例. 自然资源学报，26（1）：97-109.

王国庆，邓绍坡，冯艳红，等. 2015. 国内外重金属土壤环境标准值比较：镉. 生态与农村环境学报，06：808-821.

王海涛，娄成武，崔伟. 2013. 辽宁城市化进程中土地利用结构效率测评分析. 经济地理，(04)：132-138.

王洪梅. 2004. 河北省生物多样性现状及生态系统对其维持功能评价. 石家庄：河北师范大学硕士学位论文.

王杰青. 2012. 中国水资源利用强度的时空差异分析. 武汉：华中师范大学硕士学位论文.

王静，王克林，张明阳，等. 2015. 南方丘陵山地带植被净第一性生产力时空动态特征. 生态学报，35（11）：3722-3732.

王坤，周伟奇，李伟峰. 2016. 城市化过程中北京市人口时空演变对生态系统质量的影响. 应用生态学报，27（7）：2137-2144.

王少剑，方创琳，王洋. 2015. 京津冀地区城市化与生态环境交互耦合关系定量测度. 生态学报，(07)：2244-2254.

王有民, 王守荣. 2000. 气候异常对京津冀地区水资源的影响及对策. 地理学报,（S1）：135-142.

王跃思, 张军科, 王莉莉, 等. 2014. 京津冀区域大气霾污染研究意义、现状及展望. 地球科学进展,（03）：388-396.

王云, 魏复盛. 1995. 土壤元素环境化学. 北京：中国环境科学出版社.

王钊齐, 李建龙, 杨悦, 等. 2015. 基于遥感的城市生态环境质量动态变化定量评价——以江苏省宜兴市为例. 宁夏大学学报（自然科学版）, 36（3）：1-8.

邬建国. 2007. 景观生态学：格局过程尺度与等级（第二版）. 北京：高等教育出版社.

吴宏安, 蒋建军, 周杰, 等. 2005. 西安城市扩张及其驱动力分析. 地理学报, 01：143-150.

吴健, 曹祺文, 石淑芹, 等. 2015. 基于土地利用变化的京津冀生境质量时空演变. 应用生态学报,（11）：3457-3466.

夏兵, 余新晓, 宁金魁, 等. 2008. 近20年北京地区景观格局演变研究. 北京林业大学学报, 30（s2）：60-66.

肖笃宁, 赵羿, 孙中伟, 等. 1990. 沈阳西郊景观格局变化的研究. 应用生态学报,（01）：75-84.

邢光熹, 朱建国. 2003. 中国土壤微量元素和稀土元素化学. 北京：科学出版社.

徐华山. 2015. 海河流域径流与水环境变化特征及成因分析. 北京：中国科学院生态环境研究中心.

徐新良, 刘纪远, 邵全琴, 等. 2008. 30年来青海三江源生态系统格局和空间结构动态变化. 地理研究, 27（4）：829-838.

严登华, 袁喆, 杨志勇, 等. 2013. 1961年以来海河流域干旱时空变化特征分析. 水科学进展,（01）：34-41.

晏利斌, 刘晓东. 2011. 1982-2006年京津冀地区植被时空变化及其与降水和地面气温的联系. 生态环境学报,（02）：226-232.

叶立梅, 崔文. 2004. 北京产业结构变化趋势分析. 城市问题,（05）：35-39.

叶亚平, 刘鲁君. 2000. 中国省域生态环境质量评价指标体系研究. 环境科学研究, 13（3）：33-36.

于蕾. 2015. 山东省土壤重金属环境基准及标准体系研究. 济南：山东师范大学博士学位论文.

俞金国, 王丽华. 2007. 大连建成区城市化及其生态环境变化. 城市环境与城市生态, 20（5）：43-47.

张忠辉, 杨雨春, 谢朋, 等. 2014. 松原市近20年土地利用景观格局动态变化. 中国农学通报,（02）：222-226.

赵敏, 程维明, 黄坤, 等. 2016. 基于地貌类型单元的京津冀近10a土地覆被变化研究. 自然资源学报,（02）：252-264.

赵舒怡, 宫兆宁, 刘旭颖. 2015. 2001-2013年华北地区植被覆盖度与干旱条件的相关分析. 地理学报,（05）：717-729.

中国人民共和国国土资源部, 中华人民共和国水利部. 2012. 全国地面沉降规划2011—2020.

中华人民共和国国家统计局. 2015. 2015年中国统计年鉴. 北京：中国统计出版社.

中华人民共和国国家统计局. 2016a. 2015年全国1%人口抽样调查主要数据公报. 中华人民共和国国家统计局官方网站.

中华人民共和国国家统计局. 2016b. 2015年国民经济和社会发展统计公报. 中华人民共和国国家统计局官方网站.

中华人民共和国国务院. 1986. 中华人民共和国国民经济和社会发展第七个五年计划（摘要）. http：//www. ndrc. gov. cn/fzgh/ghwb/gjjh/W020050715581805921895. pdf［2012-10-20］.

中华人民共和国国务院. 2001. 中华人民共和国国民经济和社会发展第十个五年计划（2001—2005）纲要.

http：//www. moc. gov. cn/zhuzhan/jiaotongguihua/guojiaguihua/guojiaxiangguan_ ZHGH/200709/t20070927_ 420874. html［2012-10-20］.

中华人民共和国国务院. 2006. 中华人民共和国国民经济和社会发展第十一个五年规划（2006—2010）纲要. http：//news. xinhuanet. com/misc/2006-03/16/content_ 4309517_ 1. html［2012-10-20］.

中华人民共和国水利部. 2014. 中国水资源公报. 中华人民共和国水利部官方网站.

周国富. 2007. 地区资源利用效率的综合评价. 中国统计，12：10-11，13.

周文华，王如松. 2005. 城市生态安全评价方法研究. 生态学杂志，24（7）：848-852.

庄长伟，欧阳志云，徐卫华，等. 2011. 近33年白洋淀景观动态变化. 生态学报，（03）：839-848.

Bai X M. 2008. Urban Transition in China：Trends，Consequences and Policy Implications//Martin G，McGranahan G，Montgomery M，et al. The New Global Frontier：Urbanization，Poverty and Environment in the 21st Century. London：Earthscan：339-356.

Cai G，Du M，Xue Y. 2011. Monitoring of urban heat island effect in Beijing combining ASTER and TM data. INT J REMOTE SENS，32（5）：1213-1232.

Dietzel C，Herold M，Hemphill J J，et al. 2005. Spatio- temporal dynamics in California's central valley：Empirical links to urban theory. International Journal of Geographical Information Science，19：175-195.

Florida R，Gulden T，Mellander C. 2008. The rise of the mega-region. Cambridge Journal of Regions，Economy and Society，1：459-476.

Forman R T T. 1995. Land mosaics：The ecology of landscape and region. Cambridge：Cambridge University Press.

Li X M，Zhou W Q，Ouyang Z Y. 2013. Forty years of urban expansion in Beijing：What is the relative importance of physical，socioeconomic，and neighborhood factors? Applied Geography，38：1-10.

Luck M，Wu J G. 2002. A gradient analysis of urban landscape pattern：a case study from the Phoenix metropolitan region，Arizona，USA. Landscape Ecology，17（4）：327-339.

Mariwah S，Osei K N，Amenyo-Xa M S. 2015. Urban land use/land cover changes in the Tema metropolitan area（1990-2010）. GeoJournal：1-12.

Pan Y P，Wang Y S，Tang G Q，et al. 2013. Spatial distribution and temporal variations of atmospheric sulfur deposition in Northern China：insights into the potential acidification risks. ATMOS CHEM PHYS，13（3）：1675-1688.

Qian Y G，Zhou W Q，Yu W J，et al. 2015. Quantifying spatiotemporal pattern of urban greenspace：new insights from high resolution data. Landscape Ecology，30（7）：1165-1173.

Schneider A. 2012. Monitoring land cover change in urban and peri- urban areas using dense time stacks of Landsat satellite data and a data mining approach. Remote Sensing of Environment，124：689- 704.

Sun Y，Song T，Tang G，et al. 2013. The vertical distribution of PM2. 5 and boundary- layer structure during summer haze in Beijing. ATMOS ENVIRON，74：413-421.

Weng Y C. 2007. Spatiotemporal changes of landscape pattern in response to urbanization. Landscape and Urban Planning，81（4）：341-353.

Wold S，Esbensen K，Geladi P. 1987. Principal component analysis. Chemometrics and Intelligent Laboratory Systems，2：37-52.

Xu C，Liu M S，Zhang C，et al. 2007. The spatiotemporal dynamics of rapid urban growth in the Nanjing metropolitan region of China. Landscape Ecology，22：925-937.

Zhang R，Jing J，Tao J，et al. 2013. Chemical characterization and source apportionment of PM2.5 in Beijing：seasonal perspective. ATMOS CHEM PHYS，13（14）：7053-7074.

Zhao S Q，Zhou D C，Zhu Z. 2015. Rates and patterns of urban expansion in China's 32 major cities over the past three decades. Landscape Ecology，30（8）：1541-1559.

索　引